動物のお医者さんのための英会話

English for Veterinarians and Veterinary Technicians

谷口 和美 (獣医師、農学博士)
Kazumi Taniguchi, DVM, PhD.

アドスリー

はじめに
Why I wrote this book

　この本は、動物が大好きな人、獣医学科の学生、臨床獣医師、アニテク（動物看護士）、動物に関わる仕事をしている人、動物関係の英語を勉強中の人、将来できれば動物と一緒に外国に住みたいと思っている人などを念頭において書いた。

　本書は、専門用語の羅列に陥ることなく、なるべく、わかりやすく、一般の人（動物の専門家でない人）の使う英語と、専門用語のバランスをとることを心がけた。

　そもそも、動物のオーナーの大部分は獣医ではない。そういう人たちの言うことを理解しないと、獣医としての仕事ができない。

　学生のとき、獣医の仕事は、医者の仕事の中では、一番小児科に似ている、と教わった。
　子供は（1）ひとりでは病院に来ない。親（保護者）が連れてくる。（2）自分で症状を的確に述べることができない。親が代わりに話す。（3）支払いをするのも、患者たる子供ではない。親である。
　（1）ペットも自分では獣医のところに来ない。オーナーが連れてくる。（2）ペットは「僕、おなか痛くて」なんて言ってくれない。オーナーが説明する。（3）最後に支払いをするのもオーナーである。（たまにはイヌが万札くわえて診療室に来てくれるといいのだが……）

　だから、オーナーが症状を説明するとき使いそうな用語を理解しないと、カルテも書けない。

　本書の中では、動物の専門家はもちろん、ふつうの人が自分の動物を説明するときも使いそうな言葉も集めるよう、心がけた。

　結果、ウンチや尿など、なるべく詳しく説明することになった。
　セックスに関する言葉も、そのニュアンスに至るまで、なるべく詳しく説明した。獣医学領域で繁殖学はとりわけ重要だからである。

　これらは動物の専門家として必須用語であるにもかかわらず、いわゆる学校教育の中では置き去りにされてきた言葉だと思う。
　それになにより、誰か他の人に尋ねるには、ちょっとはばかられる言葉でもある。

　さらに、自分から外国に行かなくても、外国から講師の先生がセミナーしにいらっしゃることもある。最新の手術法や治療法を講義してくれるとき、専門用語は解説してくれても、この本に出ている言葉は基本用語なので、つっこんだ説明なしに使われてしまう可能性が高い。
　最低、本書の各Scriptのタイトルになっている単語はおさえてほしい。

　本書をまとめる中で、私自身、いままで知らなかったたくさんの単語や言い回しに出会った。
　獣医学だけでなく、たとえば将来私が外国に行き、体調が悪くなって、自分自身が万一病院にいくハメに陥ったとしても、使える英語が満載である。

　日常の言葉に加えて、本書には動物の専門家として必要な基本的な専門用語も集め、内容に従って分類し、音声もつけた。目からも耳からも学習していただきたい。
　これまで医者のための、詳細な医学英語集はいろいろ出版されている。そういうものをかたっぱしから買ってみたが、専門用語の羅列だったり、詳しすぎたりして、見るのもツライものが多かった。そこで、自分で書くことにした。

　読者諸氏がこの本を使って、獣医学英語を楽しんで下さることを、心から祈っている。

2009年1月

谷口 和美
Kazumi Taniguchi

目次

はじめに　Why I wrote this book ·· 3

本書を徹底的に使い倒す方法　Suggestions for using this book ····················· 6

第1章　全身的健康状態　General Conditions ·· 9
　Script 01. 元気　Lively ·· 10
　Script 02. 喘ぐ　Panting ··· 11
　Script 03. 食欲　Appetite ·· 12
　　ちょっとひとやすみ　肥満 Fat の話 ··· 13
　Script 04. 皮毛　Coat ··· 15
　Script 05. 抜け毛　Shedding ··· 16
　Script 06. 吐き気　Nausea ·· 17
　Script 07. 吐く1　Vomit 1 ·· 18
　Script 08. 吐く2　Vomit 2 ·· 19
　　ちょっとひとやすみ　イヌ袋の話、ネコ缶の話 — Doggie Bags and Eating Cat Food — ······· 20
　　ちょっとひとやすみ　ウマを食べる話 — I Could Eat a Horse — ············· 21
　食べる、嗅ぐ、歩く、寝る　Eat, Sniff, Walk and Sleep に関わる用語のまとめ ······· 22
　練習問題　Exercises ··· 25

第2章　排泄　Excretion ·· 27
　Script 09. 排便する　Defecate ··· 28
　Script 10. フン　Feces ·· 29
　Script 11. 糞便　Stool ··· 30
　Script 12. クソ　Shit and Crap ·· 31
　　ちょっとひとやすみ　ウンチ Poop の話 ·· 32
　　ちょっとひとやすみ　Crap の話、もしくは R と L の発音について ········ 34
　Script 13. 排尿する1　Urinate 1 ··· 35
　Script 14. 排尿する2　Urinate 2 ··· 36
　　ちょっとひとやすみ　おしっこ Peepee の話 ······································ 37
　　ちょっとひとやすみ　トイレを借りる話 ··· 39
　練習問題　Exercises ··· 40

第3章　性と生殖　Sex and Reproduction ·· 41
　Script 15. 去勢　Castration and Neuter ·· 42
　　ちょっとひとやすみ　去勢するは Castrate か Neuter か？ ··················· 43
　Script 16. 避妊　Spay ··· 45
　　ちょっとひとやすみ　ピル Pill の話 ·· 45
　　ちょっとひとやすみ　避妊 Contraception の話 — Vasectomy and Tubaligation — ········ 46

Script 17. 発情中　In Heat ……………………………………………………………… 47
　　ちょっとひとやすみ　角のような発情の話 — Horn and Horny — …………… 48
　　ちょっとひとやすみ　ボーイフレンドとガールフレンド — Boyfriends and Girlfriends — …… 48
Script 18. 種オス　Stud ……………………………………………………………… 49
Script 19. 種ウマ　Stallion ………………………………………………………… 50
妊娠　Pregnancy に関わる用語のまとめ ……………………………………………… 51
　　ちょっとひとやすみ　生理、妊娠、つわり あれこれの話 — Expecting, Period and Morning Sickness — … 52
Script 20. (Scene) 妊娠　Pregnancy ……………………………………………… 53
出産　Delivery に関わる用語のまとめ ………………………………………………… 54
　　ちょっとひとやすみ　出産 あれこれの話 — Birth and Give Birth — ………… 55
Script 21. (Scene) 出産　Delivery ………………………………………………… 56
Script 22. 中絶と流産　Abortion and Miscarriage ……………………………… 57
動物の赤ちゃん　Baby Animals ……………………………………………………… 58
　　ちょっとひとやすみ　鯨とウシはお仲間？ — Whales and Cows — …………… 60
Script 23. 子供　Offspring ………………………………………………………… 61
Script 24. 同腹の子　Litter ……………………………………………………… 63
Script 25. ゲイとレズビアン　Gay and Lesbian ………………………………… 64
Script 26. 割礼　Circumcision …………………………………………………… 66
Script 27. (Scene) 太りぎみ…!?　Too Fat…!? …………………………………… 67
　　練習問題　Exercises ……………………………………………………………… 69

第4章　からだ　The Body …………………………………………………………… 71
Script 28. ヒゲ1　Whiskers 1 ……………………………………………………… 72
Script 29. ヒゲ2　Whiskers 2 ……………………………………………………… 74
Script 30. 牙　Fangs ………………………………………………………………… 76
　　ちょっとひとやすみ　象牙の話 — Tusk and Ivory — ………………………… 77
　　ちょっとひとやすみ　胃腸 Gut の話 …………………………………………… 78
Script 31. 爪と鉤爪　Nails and Claws …………………………………………… 79
　　ちょっとひとやすみ　爪の話 — Nail か Claw か？ — ……………………… 80
Script 32. 蹄　Hooves ……………………………………………………………… 81
　　ちょっとひとやすみ　蹄の話 — Hoof か Claw か？ — ……………………… 82
Script 33. 関節　Joints …………………………………………………………… 83
　　ちょっとひとやすみ　Leg, Hip and Elbow の話 ……………………………… 85
　　ちょっとひとやすみ　膣 Vagina の話 …………………………………………… 85
Script 34. 子宮　Uterus …………………………………………………………… 86
　　練習問題　Exercises ……………………………………………………………… 87

練習問題解答 …………………………………………………………………………… 88
索引　Index …………………………………………………………………………… 89
執筆者紹介・執筆協力者紹介 ………………………………………………………… 94

本書を徹底的に使い倒す方法
Suggestions for using this book

◎とにかく時間がない方へ
とにかく本書の日本語の部分だけでも斜め読みしていただきたい。
各Scriptには、中心となる単語が挙げてあり、その言葉をめぐる説明がしてある。
日本語の部分だけでも、読むと読まないでは大違いである。
獣医学の基礎用語の語彙と、それらの語彙のバックグランドの知識を増やすことができる。

◎もうちょっとじっくり勉強してみたい方へ
CDには、英語が会話形式で録音されている。
通常の会話よりは、心持ちゆっくりめで、心持ち明瞭な発音になっている。ただし、そんなにめちゃくちゃ、ゆっくり、というわけではない。

このくらいのスピードの会話が聞き取れれば、実際海外に行っても、完全にやっていける、そういうスピードにしてある。
全部はわからなくても、だいたいわかればOKである。
よくわからなければ、日本語の訳を読んで、それからCDを聞きなおしても良い。

もうちょっとわかるようになっただろうか？
それでも聞き取れないところは、英語のScriptの太字にしてあるところを見て、理解しよう。
それからもう一度聞いてみて。
はじめから知らない単語は、何度聞き取ろうとしても、わからんものは、わからんのである。
気にすることなどないので、少しずつボキャブラリーを増やしていただければ、と思う。

◎iPodをお持ちの方や、車のCDプレーヤーをご利用の方へ
音楽の代わりに、運転するついでに、何度も何度も繰り返し聞いてみよう！
聞き取れなければ、英語のScriptをみて、ああそうだったのか、と思って、また聞いてみよう。

暗記するまで聞いてみよう。
散歩の時、耳で音を聞きながら、自分も声を出して、なぞってみよう。感情を込めて、自分が主人公でしゃべっている気分で話してみよう（こういう勉強方法をshadowingという）。

肝心なのは、自分自身が英語をしゃべっている声を、自分の耳で聞くことである。
これは、効くのである！

◎本書を徹底的に使い倒したい方へ
Dictationをしてみよう。
本書はdictationに最適な素材となっている。
そもそもdictationとは何か？
それは、音を聞いて、聞いたままを紙に書き取る、というものである。

Dictationするときは、あまり欲張らず、ひとつの文をいくつかに区切って、何度も何度も同じ単語もしくは

フレーズを聞きなおし、書き取れたら、次のフレーズに進む。
最後に英語のScriptを見ながら、答え合わせをし、自分の書き取ったものが正しかったかどうか、確かめるのである。

簡単そうに聞こえるでしょう？
しかし、ちょっとやってみると、すぐおわかりになると思うが、これは、決して簡単でない。

Dictationには文法の知識が不可欠である。
たとえば、初めて聞いたとき、"She speak English."と言っているように聞こえても、その時、三人称単数現在形の動詞には"s"がつくはず、という文法の知識があれば、そう思って、もう一度聞きなおすと、実はこのsは大変弱く発音されているために聞き取りにくいが、実はちゃんとspeaks.と発音されているのだ、ということを聞き取ることができる。

こういう努力を続けると、そのうち、はじめから、sの音がなんなく聞こえるようになってくる。
文法に加えて、dictationするには、全体の文脈から、内容を推論する能力も必要である。
もてる脳みその力すべてをふりしぼって、dictationするのである。

Dictationはたいへん時間がかかり、一見、地味にみえる勉強方法である。しかし、どんなに迂遠にみえようと、実は、英語上達の一番の早道なのである！

この方法は、私がフィラデルフィアで暮らしていたとき、そこの英語の先生に、秘伝の方法として伝授されたものである。私自身、dictationをしたとき、自分ではデキルつもりの文法力などがいかにいい加減だったか、痛感した。そして、自分の英語力がめきめき伸びていくのを感じた。

Dictationの良い点は、単語が生きた状態で、文の中に使われている状態で出てくることである。
そして、それを何度も繰り返して聞くこと（聴覚）、それを書き取って読むこと（視覚）で、日本語の介在しない、英語だけの世界に浸れることである。

もしかけた時間のわりに効果が上がらないというならば、それは日本語と英語の間を行ったり来たりする勉強法をしている可能性がある。
たとえば、Organs in the body を訳そうとして、「体内の器官」と訳そうか、それともorgansは複数形だから「体内の諸器官」と訳そうか、などと迷うとき、これは英語を考えているのではない。日本語を、日本語の頭で考えているのである。これでは本人は英語を勉強しているつもりでも、英語の能力は上がらない。
頭を日本語と英語の間で、切り替え続けることが、学習効率を下げてしまう。
しかし、英語だけの世界に浸れるdictationは、効率がぜんぜん違うのである。
本書全部は無理でも、短めのScript、あるいはScriptの中の一部分だけでも、dictationしてみると、やった分だけ、確実に、実力はUPする。

保証する。

◎**免許皆伝希望の方へ**

Dictationのあと、本書を丸暗記して。
日本語を見ただけで、すらすらと英語がでてくるところまで、丸暗記して。

もうあなたは免許皆伝である。

第1章
全身的健康状態
General Conditions

この章では、動物の状態を表す、ごく一般的な言葉を集めた。
最も使用頻度の高いであろう言葉である。

元気だ、元気がない、食欲がある、ない、吐いて（もどして）しまう、
毛のつやがよい、悪い、など。

あたりまえの体の状態をきちんと表現することは、しかし、意外にむずかしい。
ここでちゃんとまとめて理解しておこう！

Script 01. 元気　Lively	10
Script 02. 喘ぐ　Panting	11
Script 03. 食欲　Appetite	12
ちょっとひとやすみ　肥満 Fat の話	13
Script 04. 皮毛　Coat	15
Script 05. 抜け毛　Shedding	16
Script 06. 吐き気　Nausea	17
Script 07. 吐く 1　Vomit 1	18
Script 08. 吐く 2　Vomit 2	19
ちょっとひとやすみ　イヌ袋の話、ネコ缶の話 —Doggie Bags and Eating Cat Food—	20
ちょっとひとやすみ　ウマを食べる話 —I Could Eat a Horse—	21
食べる、嗅ぐ、歩く、寝る　Eat, Sniff, Walk and Sleep に関わる用語のまとめ	22
練習問題　Exercises	25

| Script 01. | Lively | | Script 01. | 元気 |

A veterinarian might ask about the activity level of an animal. If an animal is very active, we would say that it's **lively**, **active**, or **energetic**, or that **the animal has a lot of energy**.

―― *I see.*
What do you say if the dog is not lively?

The opposite of energetic or lively would be **tired** or **rundown**.

―― *Do you use the word, rundown, for other subjects which are not alive; for example, "that hotel is rundown"?*

Yes, you do. Something that is old and in bad shape is rundown.

―― *Thank you very much.*

獣医さんは動物の活動レベルを尋ねるかもしれないよ。もし動物がとても元気なら、「この動物は**生き生きしている**、**活発だ**、**エネルギッシュだ**、あるいは、「**この動物はエネルギーいっぱいだ**」、という風に言う。

――わかりました。
　もし元気じゃなかったらなんて言いますか？

元気の反対は**疲れている**、とか、**やつれている**、とかだよ。

――Rundownっていう言葉は他のこと、生き物でないことにも使えますか？　たとえば「あのホテルはボロい」、みたいに？

ああ、使うよ。なにかが古くて、状態が悪いときがrundownなんだ。

――どうもありがとう。

ポイント

元気だ	元気がない
The sheep is lively. He is active. He is energetic. The animal has a lot of energy.	She is tired. She is rundown.

Script 02. | Panting

If an animal or a person has trouble breathing, like after exercise, we would say that he or she is **out of breath**. We could also say that he **can't catch his breath**, or that she **can't catch her breath**.

If a dog sticks out his tongue and breathes quickly and noisily, we say that the dog is **panting**.

—— *Panting?*

Yes, it is a method to control its body temperature for dogs, because they don't have **sweat glands** in their skin except in their **pads.**

Interestingly enough, I have heard that dogs do panting three hundred times or more per minute.

—— *Three hundred times a minute!*

Yeah.

Script 02. | 喘ぐ (速い息をする)

もし動物や誰かが運動した後などに、息をするのが困難になったら、「彼あるいは彼女は**息を切らしている**」っていうんだ。あるいは「彼または彼女は**息をつけない**」、とも言うね。

もしイヌが舌をつきだして、速くてはあはあと騒がしい息をしていたら、「そのイヌは**喘いでいる**」って言うよ。

—— *喘ぐ？*

そう、イヌにとってはこれは体温調節のやり方のひとつなんだよ、イヌは**肉球**以外の皮膚には**汗腺**をほとんど持ってないからね。

おもしろいことに、イヌは1分間に300回以上喘ぐんだ、って聞いたことがあるよ。

—— *1分間に300回ですって！*

そうなんだよ。

ポイント

息を切らしている
She is out of breath.
She cannot catch her breath.

喘いでいる
The dog is panting.

Script 03. | Appetite

Appetite refers to the desire to eat. So if your dog has a good appetite, he eats a lot.

—— *What happens if a dog eats too much?*

Well, if an animal overeats, it would be **overweight** or **obese**. **Obesity** can be a trigger for various metabolic problems.

If your pet eats too little, it would be **skinny** or **underweight**.

—— *Do you say "This dog is smart."?*

No. The word **smart** means clever or intelligent. It doesn't refer to body shape.

—— *I see. Thank you.*

Script 03. | 食欲

食欲というのは食べたいっていう欲求のことだよ。もし君のイヌが食欲旺盛なら、たくさん食べるってことさ。

——もしイヌが食べ過ぎたらどうなります？

もし動物が食べ過ぎれば**体重過剰**、言い換えると**太る**よね。**肥満**はさまざまな代謝障害の引き金になってしまうことがあるんだ。

もし君のペットが少なすぎる量の食物しかとらなければ、**やせる**、言い換えれば**体重不足**になるよ。

——「このイヌはスマートだ」、って言いますか？

言わない。**スマート**っていう英語は頭がいいとか、知的だ、とかいう意味だよ。体型とは関係ないよ。

——わかりました。ありがとう。

ポイント！

食欲がある	食欲がない
Your dog has a good appetite.	He doesn't have an appetite.

太っている	やせている
He seems to be overweight. He may be obese.	He looks kind of underweight. He is a little too skinny.

注：Obesity（肥満）という訳語があてられているが、日本語の日本語で、「最近、ちょっと太っちゃって…太りぎみかな。」みたいな軽いイメージではない。英語のobesityは、かなり重い言葉、つまり医学用語で、病的な肥満のイメージである。

肥満 Fatの話

日本語で、「あの人太ってるよね」、というのは、決して褒め言葉ではないが、事実を述べているだけで、そんなにめちゃくちゃnegativeな表現でもないと思う。ところで、日本人の太っている、という基準をはるかに凌駕して、みとれるほどのおデブちゃんたちが、アメリカには大勢いる。

そのアメリカで"He is fat."というのは、ものすごく、悪い表現であるらしい。(なお、He is fat.とは言うが、"He is fatty."とは言わない。ご注意を！)

ある日、アメリカ人の女友達とおしゃべりしていたとき、ある太り気味の男性の名前がとっさにでてこなかった。
そこで、「ほらさ、あの人、あの太った人、"That fat guy!"」と言ったら、彼女が目を丸くして、「シーッ!! 絶対そんな言葉使っちゃダメだよ！」とあわてふためいた。

そのときの相手のあわてぶりに、こちらが逆にびっくりした。
こちらは、決して悪意があって言ったわけではなく、ただ、太っている＝fatと、直訳しただけのつもりだったのだが。

その後いろいろ尋ねてわかったことは、日本語の太っている、と英語のfatは、決してイコールの関係でないらしい。

英語のfatは、ずいぶんとひどい悪口のようなのである。fatは、太っている、というより、むしろ、「脂肪ギトギトのデブ」、というイメージらしい。

「じゃあさ、ああいう体重オーバーの人のことは、何て言うのさ？」と彼女に尋ねてみた。

そしたら、"He is **big**."のように言いなさい、とのこと。
Big、ねぇ……
まっ、いいか。
(おすすめの表現ではない。)
以下、肥満についての表現を集めてみた。

● **Obesity, Obese**
病理学的な表現として**obesity**(肥満、名詞)、**obese**(肥満の、形容詞)がある。これらは、以前は医学用語だったが、最近は日常会話でもかなり、使われるようになってきている。ただし、かなり強い表現(grossly large, 気味悪いほど肥満、病的に肥満)、という意味なので、ペットに使うときも、要注意！

● **続いて、Overweight.**
おすすめ！
これは体重過剰、ということを、事実として客観的に述べている、というニュアンスがある。
"He is overweight." "An overweight cat"という風に使う。

● **続いてHeavy.**
これもニュートラルな言葉で、とくに悪いニュアンスはない。

● **Plump**
肉付きのよい、ふくよかな、という言葉に**plump**というのもある。主に子供(あるいは女性)に対して用いられる。
"She is pleasantly plump."ほんのちょっと太め、というニュアンス。すこし、funnyな表現である。

肥満 Fatの話(続き)

● **Full-figured**
女性に対して、おすすめ！
主として女性については**full-figured**(ふくよかな)、という表現がある。A full-figured ladyのように使う。男性に対しても使えないことはないが、女性に対するほど一般的ではない。

「そんじゃ、動物には使えるの？ たとえば"a full-figured hamster"とかさ」、とWilliam(英語の先生)に尋ねてみたら、思いきり笑われて、「ユーモラスな表現だね」と言われた。

● **Chubby**
まるぽちゃで、かわいい、というイメージの言葉が**chubby**。
とりわけ子供に対して使われるが、まあ子供以外に使うこともある。
Chubbyは、あまり失礼な表現ではない。

同じ語源で、**chubs**というのもある。
呼びかけるとき、"Hey, chubs!"、のように使うが、「太っちょ！」という意味で呼びかけているわけだから、イヤがられること、確実である。

● **Beer belly**
ビール腹。"That guy has a beer belly."
同じ意味の別の言い方に、"He has a gut."というのもある。"He has guts."と複数になると、彼はガッツがある、braveだ、というまったく意味が変わってしまう。

● **Porky** (使っちゃダメよ)
さて、もっと失礼な言い方はというと、porky (豚肉：porkに由来)、wide load、big as a bus、large as a whale、fat ass、largo、fat as shit
など、いっぱいある。

● **Large as a whale**
鯨みたいに太ってる：Large as a whaleに関連して、以前どこかで聞いたJokeをひとつ。

"My mom is so fat that when she went to the beach, Greenpeace rescued her and tried to release her in deeper waters."
「うちのオカンは太っちょ。ある日、浜辺で日光浴してたら、グリーンピース(動物愛護団体)がやってきて、沖へ引いていった！」

● **Skinny**
fattyの反対の表現には、slim, slender, thin, skinnyなどがある。
この4つの中では、skinnyが一番やせている。骨と皮だけの、ガリガリっていうイメージ。

日本語で、体形がスリムだって言いたいとき、「あの人はスマートだ」、って言うことがありますよね？ しかし、"She is smart."という英語には、スリム、という意味はまったく、ない。
smartは、頭がよい、キレる、と言う意味。英語がカタカナ日本語になったとき、意味がかわってしまった例のひとつだろう。

結論
とにかく、アメリカでは体重はとてもsensitiveな話題である！
なるべく、口にしないほうが無難。

Script 04. | Coat

When we talk about the **coat** of an animal, the animal's fur, we can talk about its **sheen**.

Sheen and **shine** are very similar; and if the animal's coat looks healthy—thick and shiny, we could say, "It has **a healthy sheen**," or "a healthy shine."
I guess you could say either, but I think **healthy sheen** or **shiny coat** are the most common collocations.

—— *What do you say if the coat doesn't look healthy?*

In that case, we might say, "**It doesn't have a healthy sheen**." Some people would also use the term, **mangy**.

—— *Mangy?*

Yes, a mangy dog is a dog whose coat does not have a healthy sheen or is generally not healthy looking.

—— *Okay. Do you use the same words for the skin or hair?*

Yes, we could use **sheen** for a person's hair and skin, and **shiny** for a person's hair.

Script 04. | 皮毛

私たちが動物の**皮毛**、つまり動物の毛皮について話すとき、その**つや**について話すかもしれない。

つや、と、**輝き**、はとても似ている。もし動物の皮毛が健康そうに見えたら、厚くて輝いていたら、私たちはこんな風に言うかもしれない、「この皮毛は**健康的なつやがある**」、あるいは「健康そうな輝きがある」、ってね。
どっちの表現を使ってもいいよ、だけど、「**健康的なつや：healthy sheen**」、と「**輝いている皮毛：shiny coat**」がいちばん一般的な言葉の組み合わせだよ。

—— もし皮毛が健康そうに見えなかったら何て言いますか？

その場合は、こんな風に言うかもしれない、「**健康的なつやがない。**」ってね。
mangy（毛の抜けた、擦り切れた、みすぼらしい）っていう言葉を使う人もいるかもしれないね。

—— *mangy*ですか？

そう、mangyなイヌは皮毛に健康的なつやがないか、一般的に健康そうな外観がないイヌのことだよ。

—— わかりました。同じ言葉は皮膚や髪の毛にも使えますか？

うん、**つや**は人の髪の毛や皮膚にも使えるし、**輝き**は、人の髪の毛に使えるよ。

ポイント

毛につやがある	毛につやがない
Your dog's coat has a healthy sheen. She has a shiny coat.	Jane's cat's coat doesn't have a healthy sheen. That stray is really mangy.

注：Mangyというのは、みすぼらしい、というnegativeな表現なので、使う時は注意のこと。
★ ヒツジやアルパカなどの毛はfleeceという。これは、毛を刈る、という動詞にもなる。
★ 先天的に胸腺をもっていないnude mouse（ヌードマウス）は、その名の通り、体表に皮毛がない。

Script 05. | Shedding

Human beings have hair on their heads and also on their bodies. Animals don't have hair; they have **fur**.

Often, in the warm weather, that fur comes out, or you could say, **falls out**. When this happens, we say, "**The animal is shedding**."

A veterinarian might ask if the animal is shedding a lot.
If an animal is shedding too much, it might be a sign of illness.

―― *Shedding. The word, shed, is a verb. Do you say, "A shed" as a noun?*

Well, there is a noun **shed**, but it refers to a small building used to store things. The noun has no relation to the verb. That can be confusing.

―― *Oh, interesting―thank you.*

Script 05. | 抜け毛

人間は頭部や体に毛髪：hairをもっている。動物はhairじゃなくて、**毛皮：fur**をまとっているんだ。

しばしば、暖かくなると毛が抜ける（あるいは**抜け落ちる**、とも言う）。動物の毛が抜けると、「**抜け毛が起こっている**（動物がsheddingしてる）」って言うんだ。

獣医師は動物の抜け毛：sheddingがひどいかどうかについて尋ねるかもしれない。
もし動物があまりにも大量にsheddingしてたら、病気の兆候かもしれないからね。

―― *Shedding。Shedっていう言葉は動詞ですね。名詞として「A shed」っていう風に言いますか？*

うーん、名詞としてのshedもあるんだけど、それは、何かをたくわえるために使われる**小さな建物**、っていう意味なんだ。名詞は動詞とまったく違う意味なんだよ、紛らわしいよね。

―― *あら、おもしろいですね、ありがとう。*

ポイント

抜け毛が起こっている
The rabbit is shedding.

★Sheddingのことを、"Blowing their coat"という表現をすることもある。

Script 06.	Nausea

Script 06.	吐き気

When we feel **nauseous** or **nauseated**, either one, it means we feel like we have to throw up.

—— *Could you give me an example sentence, please?*

An example would be when you have a **hangover** after heavy drinking, we could say something like, "I had a hangover, and I was so nauseated that I thought I was gonna throw up at work."

We also have the word **nauseating**, which means **to make nauseated**.

For example, "This hamburger is disgusting; it is just nauseating."
The idea is that if you eat the hamburger, you will become nauseous, or nauseated.

—— *Ah, clever.*

吐き気を催している（むかついている）：**nauseous**、あるいは**nauseated**な時、そのどちらの言葉も、吐かなくっちゃ、という風に感じるという意味だ。

——例文をいただけますか？

たとえば、飲みすぎた後の**二日酔い**で、こんな風に言うことができるよ。「二日酔いで、あまりにもむかむかして、職場で吐きそうになったよ。」

Nauseating（**吐き気を催させる**）っていう言葉もある、これはnauseatedにする（**吐き気を感じる状態にする**）、という意味だよ。

たとえば、「このハンバーガーはひどい、吐き気を催させるね。」
これは、もし君がそのハンバーガーを食べれば、君は吐き気を感じるだろう、っていうことさ。

——なるほど、うまくできてますね*。

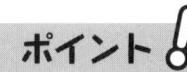

吐き気がする	吐き気を催させる
I feel nauseous. I am nauseated.	Today's lunch was nauseating.

＊ ここでは、nauseaにからんでたくさんの言い方があること（nauseous, nauseated, nauseatingなど）、を評して、Cleverだといっている。

| Script 07. | Vomit 1 | Script 07. | 吐く 1 |

—— Could you explain the expressions related to vomiting, please?

Surely. **Vomiting**. To vomit, the verb, **to vomit**, refers to food that comes out of your stomach through your mouth.
The actual thing that comes out is also called vomit. Then it is a noun.

Other words we use for vomit are to **throw up** and to **puke**.

—— Is it okay for veterinarians to use these words?

Puke is less polite, maybe it would be better for a vet not to use it. **Vomit** and **throw up** are both okay, though.

—— Can you give me some sentences using "vomit" or "throw up?"

Sure.
"When the cat came into the vet's office, it threw up all over the floor. The veterinarian's assistant came and cleaned up the vomit."

In the first case, throw up, or the past tense, threw up, was used as a verb. Vomit was used as a noun.

—— That is clear, thanks.

—— 嘔吐することに関する表現を教えていただけますか？

いいとも。**嘔吐**することね。嘔吐する、動詞の「**嘔吐する**」は胃からの食べ物が逆流して口から出てくることをいう。
出てきたそのもの、吐物のことも同じく、vomitという。この場合は名詞だね。

他の言葉で嘔吐に対して使うのは、**戻す：throw up**とか、**吐く、（ゲロする）：puke**だね。

—— 獣医師もこういう言葉を使っても大丈夫ですか？

Puke（ゲロする）は丁寧さの度合いが低いから、まあ獣医師は使わない方がいいね。**Vomit（嘔吐する）**と**throw up（戻す）**はどっちも使って大丈夫だけどね。

—— 嘔吐する、あるいは戻すという言葉を使った例文をいただけますか？

もちろんだよ。
「ネコが獣医師のオフィスに入ってきて、床中に吐いた。獣医師の助手が来て、吐物を掃除した。」

最初の例ではthrow up（戻す）、あるいはその過去形のthrew upは動詞として使われている。（ふたつめの）vomitは名詞としてつかわれている。

—— わかりやすいです、ありがとう。

ポイント

吐く〈Verb, 動詞〉		吐物〈Noun, 名詞〉
To vomit	Did you vomit?	vomit
To throw up	Did you throw up?	There is vomit on the floor.
To puke	Did you puke?	

Script 08. | Vomit 2

—— Okay, do you have any other expressions similar to vomiting?

There are also a number of funny words and expressions which mean vomit.
I will tell you some, but I don't think it's a good idea to use them.

—— Okay.

One such word is **ralph**, which is the same as the name Ralph, R-A-L-P-H.
It has a kind of humorous sound, like,
"The drunk ralphed all over his suit."

Other funny expressions include, "**He tossed his cookies**," or "**She lost her lunch**."

Both mean that the people threw up: to toss the cookies does not necessarily mean "cookies." It's just an expression for any type of food you ate.

—— I see.
Thank you for the variety of expressions.

Script 08. | 吐く 2

—— ええと、他に vomiting と似た表現はありますか？

他にも、嘔吐を意味する、たくさんのおもしろい言葉や言いまわしがあるよ。
そのうちいくつか教えてあげるけど、あんまり使わない方がいいと思うよ。

—— わかりました。

そのひとつは「**ラルフ（吐く）**」だね、これは人の名前のラルフ R-A-L-P-H と同じだ*。
このラルフはちょっとユーモラスな響きがある、ほら、「酔っぱらいがスーツの上にラルフした（吐いた）」とか。

他のおもしろい表現には、「**彼はクッキーをトスした（ぽいと投げた）**」とか、「**彼女は昼ごはんを失った**」なんてのがある。
両方とも、吐いちゃった、という意味だよ。クッキーを投げた、というのは、（吐いちゃったものが）必ずしもクッキーじゃなくてもいいんだよ。どんなものを食べて（吐いて）も、この表現は使えるよ。

—— わかりました。
いろいろな表現を教えてくださって、どうもありがとう。

ポイント

吐く〈動詞〉	
The drunk ralphed all over his suit.	その酔っ払いはスーツの上じゅうに吐いた。
He tossed his cookies.	彼は吐いた。
He lost his lunch.	彼は吐いた。

* 人名としてのラルフは Ralph Nader（ラルフ・ネーダー〈消費者の権利保護の活動家〉）とか、Ralph Lauren（ラルフ・ローレン〈ファッション・ブランド〉）など。

注：アメリカ英語とイギリス英語のちがい：イギリス英語では、吐き気がする、とか吐く、とかいう言葉を "sick" をつかって表現することができる。"I feel sick."（吐き気がする），"I was sick last night."（昨晩吐いた）。「吐く」は、他に "blow chunks" とか "technicolor yawn" などもあり、表現は多彩である。

イヌ袋の話、ネコ缶の話
― Doggie Bags and Eating Cat Food ―

● **Doggie bag**

えさ、といえば、脱線するが、**Doggie bag**という言い方がある。

レストランなどで、食事をして、食べきれなかった場合、お店の人に頼んで、家に持ち帰ることができる。このとき「Doggie bagを頂戴、"Doggie bag, please?"」と言うと、わかってくれる。

Doggieはdoggyと同じく、dogの小児語。食べ残したものを、うちに持って帰って、わんちゃんにやる、というニュアンス。
もちろん、実際にはイヌじゃなくて、自分が食べちゃうのだが……。
それはレストランの人も、自分もわかっていても、なおかつdoggie bagと、婉曲に言うわけである。

アメリカの食事の量はすごい。これじゃ肥満になるわけだ、とアメリカで食事するたびに感心する。
平均的日本人だったら、ふたりでひとり分の食事を注文するくらいでちょうどいい。
なにも遠慮することはないので、shareしたい、と言って一皿だけ頼むのはまったくOKである。
でも、メニューをみているときは、おなかがすいているわけで、ついオーダーしすぎちゃう。
そういうとき、doggie bagが大活躍する。

ついでに、食べ残しは**leftover**。二日酔いは**hangover**である。

● **Eating cat food**

イヌが出てきたのだから、次はネコにまつわる雑談。
第二次世界大戦後、まだ日本がそんなに豊かでなく、ネコまんま、といえば、残りごはんにかつおぶしと味噌汁をぶっかけて、というイメージだった時代のこと。
ある日本人がアメリカに行った。誰かに「アメリカの食事はどうだった？」と尋ねられて、「うん、ネコちゃん印の缶詰はなかなか、イケるよ。」と答えた、という。
ネコの絵を商標と間違えて、**cat food**を食べちゃってた、というオチ。

そういえば、ブルドックソースも、ブルドックのためのソースではない。

これは、どこかで読んだ話で、真偽のほどは不明だが、当時輸入缶詰や瓶詰は、信じられないほど高価で、あこがれのまとだった。ネコと「舶来」の缶詰、なんて組み合わせは、当時の人には考えもつかなかったろう。（「舶来」なんてもはや死語なんだろうか。）

ネコはグルメで、キャットフードはおいしそうだから、もしかしたら実話なのかもしれない。
スーパーにならんだ、たくさんのキャットフードの缶詰を見るたび、この小話を思い出す。

ウマを食べる話
— I Could Eat a Horse —

● **I could eat a horse.**
さて、脱線ついでに、今度はウシとウマの話。
英語には、うんとおデブちゃんの人のことを、"**fat as a cow**"（ウシみたいに太ってる）とか、"eat like a horse"（ウマみたいに食べる）という表現がある。

英語の世界では、ウシやウマは、よほどがつがついているイメージなんだろうか。そういえば、日本語にも、牛飲馬食という言葉がある。

また、"**I could eat a horse.**"（ウマだって食べられるくらい腹ペコ）というのもある。

ウマを食べる、といえば、日本の食文化のひとつに、馬肉を食べる、というのがある。

しかし、アメリカ人に、「日本人は馬肉を食べるのよ」、と言うと、たいてい、うへえ、という顔をする。
日本人が「中国人はイヌの肉を食べる」と聞いたときの反応と、よく似ている。

あるとき、Johnというアメリカ人の友達が日本に遊びにきた。
夕食をご馳走しようと、どこかの和食店に入ったところ、メニューに馬刺しがあった。
これこれ、これを注文しなくっちゃあ。

Johnは、出てきたひと皿を、ためつすがめつ、眺めた。
次に、かばんからカメラを取り出し、写真を撮った。
それからようやく箸をつけ、日本の **delicacy（珍味）** をご馳走になった、とご満悦になった。

しかし、すべてのアメリカ人がJohnのように喜んでくれるとは限らない。
"Disgusting!"と思われる危険も高い。
よほど相手を見てかからないと、危ない。

日本人でも馬肉を嫌がる人も多いので、注意が肝要である。

食べる、嗅ぐ、歩く、寝るに関わる用語のまとめ
Eat, Sniff, Walk and Sleep

基本的な行動に関する言い回し、すなわち「食べる」、「臭いを嗅ぐ」、「歩く/散歩する」、「寝る」をまとめた。全部覚えなくても、いろいろあるなあ、と眺めていただければ、と思う。

食べる Eat and Feed

食べる、いろいろ

eat	I ate a hamburger yesterday.	食べる	
feed	I give dog food to him/her. ペットにえさをやる I feed…/I fed…	I give him/her dog food. のように言うことも、できる。	家畜でなく、ペット相手には、feedでなく、giveを使うことも多い。
graze	A cow is grazing in the field/pasture. ウシが草地（牧草地）で、草をはんでいる。	ウシなどが草を食む	干し草は**hay**。 ただし**hay fever**というと、花粉症という意味になる。昔、牧草を刈り入れる時期に発症することに由来する。
pasture		vi) 草を食べる。 Vt) 放牧する。	
lick		舐める	salt lick 動物が塩を舐めに行くところ、もしくは動物に舐めさせるための塩。

食べる、に関わるさまざまな口語的表現

gobble up gobble down	The dog gobbled down all the dog food.	急いでガツガツ食べる*。
guzzle guzzle down	Hey, stop guzzling that beer. We've got time. You don't have to guzzle it down like that. （おい、そんなに大急ぎでビール飲むなよ。時間はあるんだから。そんなふうに飲まなくたって大丈夫だよ。）	ごくごく急いで飲む。
gorge oneself on（with）	He gorged himself on ice cream and got sick. 彼は、アイスクリームをたらふく食べて、気持ち悪くなった。	腹いっぱい詰め込む。
stuff	<u>Be stuffed</u>: I'm really stuffed. <u>Stuff himself/herself/oneself</u>, stuff his/her/your face He's stuffing his face. （食べ物を口いっぱいに）詰め込むようにして、食べている。	(食べ物を)詰め込むように大量に食べる。
pig out	〈動詞〉He is pigging out.（（ブタみたいに）大喰らいしている）pigout〈名詞〉It was real a pigout.	ブタみたいに大喰らいする。

＊Turkeyの鳴き声もgobble-gobbleと表現される。
★「食べる」の表現は、上記の他にchow down、dig inなどもある。

満腹と空腹

おなか、いっぱい	I'm satisfied.	満足です。〈丁寧〉
	I have had enough.	充分いただきました。〈丁寧〉
	I'm full.	おなか、いっぱい。〈OK〉
	I'm stuffed.	腹いっぱい。〈スラング（俗語）〉
おなか、すいた	I'm hungry.	〈ふつう〉
	I'm famished.	〈口語的〉
	I'm starving.	〈口語的〉

食餌　Diet

carnivore	肉食
herbivore	草食
insectivore	昆虫食
omnivore	雑食

おなら、げっぷ　Fart, belch

yawn	あくび
fart, break wind	おなら
belch, burp	げっぷ

臭いを嗅ぐ Sniff and Smell

sniff	My dog got a sniff of a skunk.	vi) My dog sniffed at a skunk. vt) She sniffed it.	n) くんくん嗅ぐこと vi) くんくん嗅ぐ vt) 臭いを嗅ぐ
smell	It has a bad smell.	vi) The skunk smells bad. vt) You can smell it.	n) smell：「におい」全般 　odor：不快な臭い 　fragrance： 　　花や香水等の快い匂い 　scent：かすかなにおい 　stench：強い悪臭 vi) においがする vt) においを感じる
stink	stink	vi) The skunk stinks.	n) 悪臭 vi) 悪臭を放つ
reek	reek	His breath reeks. It reeks of garlic. （彼の）息が臭い。にんにくの臭いがする。	Stinkと似ているが、reekの方がstinkよりちょっと強い。
bad breath		It has bad breath.	口臭

散歩する Walk

walk	Walk は名詞にもなる。 自分が散歩するなら、take a walk.	I took a walk yesterday. 昨日散歩した。
	他動詞 walk は「散歩させる」。 I walk my dog every morning. 私はイヌを毎朝散歩させる。	She walks a dog **on a leash**. **ヒモにつないで**、イヌを散歩させる。 She walks a dog **off a leash**. **ヒモ無しで**、イヌを散歩させる。
prowl	徘徊する、ぶらぶら歩く、獲物をねらってうろつく。	The predator prowled the field in search of prey.
roam	自由気ままにあてもなく（広い地域を）歩き回る、放浪する。	A hippie roamed Tibet.
wander	目的・道順なしにぶらぶら歩く	My dog wandered up and down the park.
amble*	一定のコース・目的などを定めずにぶらぶら歩き回る。	It rambled about in the park.

＊Ambleとよく似たスペルの単語にrambleがある。イギリス英語では、rambleも、田舎を楽しみのために歩き回る、という意味があるが、アメリカ英語では、rambleは、おしゃべりをしつづける、という意味の方が強い。アメリカ人でも、イギリス英語と同様の使い方をする人もいる。

寝る Sleep

sleep asleep	寝るは、 **sleep**、 寝ている状態は **asleep**。	眠り込むは、Fall asleep. ぐっすり寝ているは、**fast asleep**で、**sound asleep** ともいう。 My cat was sound asleep when I came back home. (He was fast asleep.) 家に戻ったとき、ネコはぐっすり寝ていた。
wake awake	sleep と asleep の関係に似ているのが、wake と awake。 awake は、 目が覚めている状態。 wide awake は、 ばっちり目が覚めている状態。	厳密に言えば、目が覚めるは、ふとんの中に横たわった状態で、眠りから目覚めるときを言う。しかし実際にはかなり混同して使われている。ふとんから起き上がるのは **get up**。 I woke up at 6 AM this morning, but didn't get up until 8 AM. 今朝6時に目が覚めたけど、8時まで起き上がらなかった。
snooze	take a snooze	He took a snooze. うたた寝した。
nap	take a nap	He is napping. うたた寝（昼寝）している。

第1章 General Conditions　練習問題 Exercises 🔊9

Exercise 1
音声を聞いて、A-Dのどれが、下の日本語に対応するかを考え、空欄を埋めなさい。

吐き気がする ＿＿＿＿＿＿＿＿＿＿
嘔吐する〈丁寧、獣医師的表現〉＿＿＿＿＿
吐く（もどす）〈OK. ふつうの表現〉＿＿＿＿＿
ゲロする〈口語的表現〉＿＿＿＿＿＿＿＿

Exercise 2
日本語の文を読んで、カッコの中に適当な語句を入れなさい。

1. 毎朝起きるとすぐ、僕はクロを庭に出す。クロはすぐおしっこする。
   Every morning, immediately after (＿＿＿＿), I let Blackie, my dog, go out into the garden. He (＿＿＿＿) immediately.

2. クロにドッグフードをやる。クロは凄い食欲で、あっという間に平らげる。
   I give him dog food. Blackie has a great (＿＿＿＿) and gobbles it up immediately.

3. クロを散歩すると、クロは電柱を見つけるたびに、くんくん臭いをかいで、おしっこする。
   Whenever I walk Blackie and he comes across a telephone pole, he (＿＿＿＿) it and (＿＿＿＿).

4. クロを祖父の牧場に連れて行って放した。クロはカラスを追いかけて息がきれるまで走り回って、はあはあ喘いだ。ウシの糞の上でごろごろ転がって、その後僕に飛びついた。
   I took Blackie to my grandpa's pasture and released him. He chased crows until he couldn't (＿＿＿＿), and he (＿＿＿＿). Then, he rolled over in cow (＿＿＿＿) and jumped up on me.

5. 家に帰って、クロの体を洗い、乾かし、ブラッシングしたら、毛がつやつやになった。
   When we got home, I cleaned him up, dried him, and brushed him; and his (＿＿＿＿) got its (＿＿＿＿) back.

Exercise 3
音声を聞いて、下に書かれた文の中から、同じ意味のものを選びなさい。

1. A. She is active.
   B. My dog is alive.
   C. My dog is exhausted.

2. A. My dog is bleeding.
   B. My dog is out of breath.
   C. She is wearing pants.

3. A. He is obese and needs to have a vet check him.
   B. He is skinny.
   C. He seems to be hungry.

4. A. Her coat has a healthy sheen.
   B. She is shy.
   C. Her coat is white.

5. A. She has long hair.
   B. She lives in a shed.
   C. Her fur frequently comes out.

6. A. I need to vomit.
   B. I have a great appetite.
   C. I am nervous.

7. A. She threw a ball high up in the sky.
   B. She puked.
   C. She was slow but speeded up.

8. A. My dog puked on the floor.
   B. My dog defecated on the floor.
   C. My dog urinated on the floor.

答えは88ページ

第2章
排泄
Excretion

ずいぶん昔読んだエッセーにこんなのがあった。
ある女流英文学者だか、児童文学者だかが、たしかイギリスだったかと思うが、
博物館に行って、恐竜の糞の化石を見たときのはなし（実話です）。

彼女は「フン」（feces）と言う単語を知らなかった。
そこで、その展示室にたまたま居合わせた英国紳士に、「fecesって何？」と、無邪気に尋ねた。
そのgentlemanは赤くなり、四苦八苦しながら説明してくれた。
── そして突然、彼女は悟ったのである、なぜそのgentlemanが赤くなったかを！
赤面するのは、今度は彼女の番だった、という話。

このエッセーを読んだとき、私はこの女流児童文学者に深い共感を覚えた。
なぜなら、そのときまで、私もfecesという言葉を知らなかったからである。

彼女はもちろん、rainbowとか、dreamとかいうような、美しい言葉は知っていらしただろう。
外国の博物館にひとりで行き、そこに居合わせた英国紳士にものを尋ねておられるのだから、
英会話もお上手なのだろう。
けれども、中学、高校、大学と、長い学校教育（英語教育）の中で、
彼女は、フンなんて言葉は教わらなかったのだ。私も教わった覚えがない。

児童文学者なら、それでもいいのかもしれない。でも、動物の専門家はそれじゃ、ダメである。
だから、この章で、勉強して！（そして楽しんで！！）

Script 09. 排便する　Defecate ……………………………………………………………… 28
Script 10. フン　Feces ……………………………………………………………………… 29
Script 11. 糞便　Stool ……………………………………………………………………… 30
Script 12. クソ　Shit and Crap …………………………………………………………… 31
　ちょっとひとやすみ　ウンチ Poop の話 ………………………………………………… 32
　ちょっとひとやすみ　Crap の話、もしくはＲとＬの発音について ………………… 34
Script 13. 排尿する1　Urinate 1 …………………………………………………………… 35
Script 14. 排尿する2　Urinate 2 …………………………………………………………… 36
　ちょっとひとやすみ　おしっこ Peepee の話 …………………………………………… 37
　ちょっとひとやすみ　トイレを借りる話 ………………………………………………… 39
練習問題　Exercises ………………………………………………………………………… 40

Script 09. Defecate / 排便する

🔊 10

The verb, **to defecate**, refers to the excreting **fecal matter** from the body.

A veterinarian might ask a dog owner, "How many times a day does your dog defecate?" or "How many times a day does your dog have a **bowel movement?**"

── *What does **bowel** mean?*

It means **the large intestine**.

── *Do you say **BM** for a bowel movement?*

I've heard that term used. As a matter of fact, in the Philippines, it was used a lot.
But I don't think we use it too much in common speech in America, though, I have heard it.

── *Okay. Thank you.*

排便する、という動詞は**フン**を体から排出することをいう。

獣医師はイヌの飼い主に「一日に何回くらいおたくのワンちゃんは排便しますか？」とか「一日に何回、**腸の動き（排便のこと）**がありますか？」とか尋ねるかもしれない。

── ***Bowel**(バウル) ってなんですか？*

Bowel っていうのは**大腸**のことだよ。

── *腸の動き（排便）のことを**ビー・エム**って言いますか？*

使われるのを聞いたことはあるよ、実のところ、フィリピンでね。
フィリピンではよく使われていたけど、アメリカの日常会話であまり使っているとは思えないね、聞いたことはあるけれどさ。

── *わかりました、ありがとう。*

ポイント❗

排便する〈丁寧な言い方〉

My dog defecated.
He had a bowel movement.

注：bowel movement の頭文字をとってBMという言葉を獣医師はカルテに使う。

| Script 10. | Feces | | Script 10. | フン |

Feces, or **fecal matter**, are the terms for the solid waste that comes out of an organism——like your pet.

Your veterinarian might ask you about the dog's feces, for example, "Is it **solid** or **watery**?"

—— Uh huh.

A dog might have **diarrhea**, very loose feces; a dog might be **constipated**, or **have constipation**, in which the dog cannot have a bowel movement; or a dog might have worms in his feces.

These are all symptoms indicating certain conditions relevant to **diagnosis**.

—— Wonderful.

フン、つまり**糞**っていうのは生き物、たとえば君のペットのような生き物だね、そこから出される固形の老廃物・排泄物のことだよ。

君の獣医さんはイヌの糞について、こんな風に尋ねるかもしれない「それは**硬かった**ですか？**水っぽかった**ですか？」

——なるほど。

イヌは**下痢**かも、つまりとてもゆるい便かもしれないし、あるいは**便秘**してて、排便できないでいるかもしれない。あるいはフンの中に寄生虫がいるかもしれない。

こういうのはみんな、**診断**に関係のある、ある種の状態を指し示しているんだよ。

——よくわかりました。

ポイント

糞〈丁寧な言い方〉

feces
fecal matter

ポイント

下痢	便秘
My kitten had diarrhea.（下痢した）	My dog is constipated.（便秘です） He suffers from constipation.（便秘です）

| Script 11. | Stool | | Script 11. | 糞便 |

If your pet is sick, the veterinarian might want to take a **stool sample** and do a **stool examination**.

Stool is another word for feces or bowel movement.

And the doctor would examine the stool for **worms** and other problems.

―― *Do worms mean **parasites**?*

Worms can be a type of parasite, yes, there are other parasites as well.

もし君のペットが病気なら、獣医師は**糞便のサンプル**を採取して、**糞便検査**をするかもしれない。

フン：stoolというのは糞あるいは排泄物の別の用語なんだ。

獣医師は糞便に、**虫：worms**や他の問題がないか調べるんだよ。

―― *Worms（虫）って、**寄生虫**のことですか？*

そうだね、worm（虫）はparasite（寄生虫〈寄生生物〉）のタイプのひとつだよ、worm以外のタイプのparasiteもありうるだろうね。

ポイント

	糞便〈上品でも下品でもない言い方〉	検査するための糞便	糞便検査
語句	stool	stool specimen	stool examination
例文	The stool is loose. The stool is watery.（共に下痢）		

Script 12. | Shit and Crap (Vulgar!)

—— *Do you use the word, "__shit__" or "__crap__," in veterinary clinics?*

We wouldn't use the words, shit or crap with a doctor or a veterinarian, because these words are not that polite.

We use those words in everyday conversation with friends, but even then, it is not polite language.

—— *Well, I've heard them in American movies, a lot.*

In that case, the words are generally used as **curse words**, to vent frustration or anger.

Script 12. | クソ（取扱注意用語！）

——「Shit」（クソ）とか「Crap」（クソ）っていう言葉は、獣医クリニックで使いますか？

そんな言葉は使わない、医者や獣医師に対してはね。なぜならそういう言葉はあんまり丁寧じゃないからね。

友達との日常生活では使うけどね、だけどそういう場合でさえ、丁寧な言い方じゃないよ。

——だけど、アメリカ映画でこの言葉をしょっちゅう耳にするんですけど。

そういう場合は、これらの言葉は欲求不満や怒りをぶちまけるために、**悪態**（ののしるための言葉）として使われているんだよ。

ポイント！

クソ〈品がない vulgar な言葉、使っちゃダメ〉
shit
crap

※ここに挙げた言葉はいわゆる four letter words といって、品のない俗語のひとつである。自分から使ってはいけない。それがわかっていて、なおかつ収録したのは、実際には頻繁に使われているからである。ただ、元来の意味から離れて、いらいらした感情や、言葉を強調するとき使われることの方が多い。

ウンチ Poopの話

お上品Version

- **Feces:** 日本語のフンや排泄物、と同様、やや語感が硬く、professionalな響きがあり、動物の専門家が使うにふさわしい言葉である。
たとえば、博物館でディノサウルスの糞の化石を見た、なんて言うときは、fecesが最もふさわしい。

- **Bowel movement** というのも、お上品な言い方で、強く、推奨される。
Bowel（バウルと発音する）とは腸のことで、直訳すると腸の動き、となるが、このフレーズは結局、排便を意味する。

- **Stool:** ふつうに糞便、というとき、使うのはstoolである。獣医師が糞便検査する、などと言うときは、stool examinationと言う。（他の言い方もあるだろうが、これが一般的らしい。）

- **Excrement** はラテン語由来の言葉で、排泄物を意味し、糞便という意味にもなる。なんらかの文脈の中で、排泄物として使われるときは、時には汗とかdischargeの意味になるときもある。単独でこの言葉だけが出てくるときは、フンの意味。ふつう、単数形で使い、複数形にはしない。

動詞はexcrete（排出する、排泄する）、名詞のexcretion（排泄すること、排泄物）、形容詞のexcretory（排泄の）、などとすべて兄弟分の言葉である。excrete, excretion, excretoryには必ずしも糞便という意味はなく、たとえば外分泌腺の排出導管はexcretory ductである。

お下品Version

- **Turd:** あんまり丁寧な言い方ではないが、固い糞便をひとつ、ふたつ、と数えるとき、turdという言葉がある。a turd、two turdsという風に使う。ヒトに対しても、動物に対しても使える。
ついでだが、イヤな奴（jerk）のことをturdということもある。"This guy is a real turd."のように言う。

お子さまVersion

- **Poop:** 子供の使う言葉で、ウンチにあたる口語にpoop（プープ）というのがある。

大人はふつう（頻繁には）使わない。だが、私はアメリカで、30代の男性がこの言葉を使うのを耳にしたことがあり、（道ばたに、イヌのpoopがあるから、気をつけてね、と言われた）大変印象に残っている。
ただその男性はわざと子供の言葉を使うことにより、その内容を和らげようとしただけかもしれない。
このように、大人だって、poopを使うこともある。原則としては子供の言葉なんだけれども。

もっと幼い赤ちゃん言葉には**poo-poo**というのがある。

Poopを過去分詞にして"I'm pooped."というと、くたくたに疲れた、という意味となり、ウンチから離れた表現となる。強調したいときは、"I'm pooped out."とか、"I'm all pooped."のように言うとくたびれ果てた、というイメージがより深まる。

ウンチPoopの話（続き）

● **Take a dump**
スラング。排便するという意味。
主に男言葉で、女性はあまり使わない。

Dumpは、もともと、名詞だと「ごみの山」「ゴミ捨て場」、動詞だと、「ごみを投げ捨てる」という意味。日本語のダンプカー（英語だとdump truckまたはdumper truckという）はここからきている。

余談だが、「彼は、彼女と付き合っていたけれど、捨てた、（振った、厄介払いした）」、のときは、He dumped her. のように言う。

● **Doggy-doo**
Doggy doo-doo とも書く、これはイヌのフン限定の言い方である。He made a doo-doo.
(He made a boo-boo. というのもあり。)

● **Cow-pie**
パイといっても、食べられない。

ウシの糞は水っぽい。ぺちゃっとおちて、パイのように丸く広がる感じ。

「うちのワンちゃんのフンがcowpieみたいだった、"It looked like cow-pie."」と言えば、水っぽかった、すなわち下痢だった、The dog had diarrhea. という意味となる。とってもスラングなので注意して。

● **Droppings**
鳥のフンについては、The bird left droppings.（落し物）という言い方もある。

● **Dung**
Elephants' dung pile.
野生動物やゾウなどに使う。

使っちゃダメVersion

● 使っちゃまずいのは、**shit**とか**crap**とかいう俗語で、日本語だと、クソ、とでも訳そうか。こんな言葉を使うと、あなたの品格を疑われます。

● この両者のうち、crapの方がややマシだが、shitはcurse word（ののしり言葉、悪態）であり、とにかく両方使ってはダメよ。
誰かが使ったとき、理解するためここには書いたけど、自分からは**決して**使ってはいけない。

アメリカ映画には、このshitという言葉はもういやんなるくらい、頻繁に出てくる。FXXXに次ぐくらいだろうか。
これは日本語の「クソッ」と同様、いらいらしたとき言う言葉で、もはや排泄行為とは関係ない。

ただし、くれぐれも注意していただきたいのは、日本人は口にしない方がよい、ということだ。
理解はしても、自分から使ってはだめよ。

Crapの話、もしくはRとLの発音について

ウンチねたが好きなので(個人的好みかい！)、もうひとつ。

恥ずかしい聞き間違いのひとつにclapとcrapがある。
clapというのは「拍手」という意味である。

ところで、話はかわるが、私は、RとLの発音を聞き取ることができない。
発音はきれいに分けてすることができる。
プロの英語の先生について、口と舌の形を散々トレーニングしてもらった結果、きれいに発音をし分けることはできるのだが、いかんせん、耳を鍛えることはできなかった。

どうも耳のトレーニングは大人になってからでは遅いようだ。
だから、聞き取りはできないのである。

英語を聞くときは、RとLは、文脈の中で単語を判断する。
riceとliceは、たとえば食糧問題を話しているときは、riceだと判断し、寄生虫について話をしているときは、liceだと判断する。
むずかしいのは、単語ひとつだけ、文脈なしに出てきたときである。

さて、先のclapという単語を、その一語だけで、初めて見たとき、私はびっくりした。
私はLとRを聞き分けることができないので、頭の中で、clapをcrapとごっちゃにしてしまったのである。

RとLをごっちゃにすると大恥となるのは、crapだけではない。
Electionとerectionも間違えると、おもいっきり恥ずかしい。
Electionは選挙という意味である。
Erectionの方はそのままカタカナでも通じるだろう。

選挙の話のつもりで、
　"How frequently do you have
　elections in your country?"
を
　"How frequently do you have
　erections?"
なんて、読者諸嬢が尋ねたりしないことを、くれぐれも祈る。

Script 13. | Urinate 1

Urinate is to let out water from your body. A veterinarian might ask you, "How many times a day does your animal urinate?"

The actual liquid that comes out of your body or your pet's body from **the urethra** is called **urine**.

── *Urine. I see.*
   Are there any alternative words?

Another word similar to urinate is **pee**, which can be a verb and a noun, but it is not as polite and is kind of childish.

── *Childish?*
   But I've heard adults used it.

Well, it's a kids' word; however, adults can use it when they want to soften the meaning.

── *I see. Thank you.*

Script 13. | 排尿する 1

排尿するというのは、君たちの体から水分を出させることだよ。獣医師は君に尋ねるかもしれない「あなたのペットは一日何回排尿しますか？」ってね。

君たちの体や君たちのペットの体から、**尿道**を通って、実際にでてくる液体は、「**尿**」と呼ばれる。

── 尿。わかりました。
   他に似たような言葉はありますか？

排尿に似ている他の言葉に、**おしっこする：Pee** っていうのがある。これは動詞と名詞が同形だよ。でもこれは排尿ほどは丁寧な言葉じゃないし、ちょっと子供っぽいけどね。

── 子供っぽい？ だけど大人が使うの、聞いたことがあるんですけど。

うん、それは子供の言葉なんだけど、大人も使えるよ、その実際の意味を和らげたいときにね。

── わかりました。ありがとう。

ポイント

	排尿する〈動詞, Verb〉	尿〈名詞, Noun〉
用語	urinate	urine
例文	My dog urinates whenever I walk him.	His urine is cloudy.（尿がにごっている。感染症かなにかが疑われる。）

Script 14.	Urinate 2		Script 14.	排尿する2

―― *Are there any other words with a similar meaning to "urinate"?*

Actually, **piss** is pretty common. It is even less polite than pee, but it is used a lot.

A common expression is, "**to take a piss**" as in, "I really had to take a piss during the lecture, but I held it in."

Another expression that you hear a lot is "**take a leak**." It is similar to "take a piss" and it's about the same level of politeness.

―― *Do both women and men use these words?*

Yeah, I would say that both women and men use these slang.

―― 他に排尿と同じ意味で別の言葉はありますか？

実のところ、**piss（小便）**っていうのも、ずいぶんよく使われるよ。Pee（おしっこ）よりもっと丁寧さに欠ける、でも使われている。

よく使われる表現に**to take a piss(小便する)**っていうのがあるよ、「講義の間中、すごく小便したかったんだけどさ、でも我慢したよ。」みたいにさ。

他によく聞く表現に、**take a leak(漏らす)**っていうのがあるよ。take a piss（小便する）っていうのと似ていて、品のなさの度合いも似たようなもんさ。

―― 女性も男性もどちらも、これらの言葉を使いますか？

ああ、女性、男性、両方とも、これらのスラングは使うよ。

ポイント

排尿する〈丁寧、おすすめ〉	おしっこする〈日常会話にOK〉	小便する〈使うのはやめましょう〉	
urinate	pee	take a piss	He took a piss
	My dog pees at every electrical pole.	take a leak	Did you take a leak?

注1：Take a leakとtake a pissを無理やり比べると、前者の方がややマシ。また、take a pissは、女性より男性が多用する言い方だそうだ。

注2：ものすごくオシッコに行きたいとき、"I have to piss like a race horse."（競走馬みたいにオシッコしたい）という表現もある。競走馬はよっぽどたくさんオシッコするイメージなんだろうか。

おしっこ Peepeeの話

お上品Version
● 動詞でurinate、排尿する、名詞のurine、尿は、professionalな響きがあり、動物の専門家が使うのに最もふさわしい言葉である。professionalな使い方をする他に、一般の人（動物の専門家でない人）も、丁寧に言いたいときは、この言葉を使うべし。

一般的Version
● 大人は一般口語では、**pee**（ピー）という〈名詞、動詞共〉（日本語だと、おしっこというニュアンス）。これは、男も女も使う、ふつうの言葉で、一般に使われる。

お下品Version
● **Piss** という言い方がある〈名詞、動詞共〉。こっちの方はpeeより、harshな（不快な、どぎつい）言い方で、日本語だと小便、みたいなニュアンス。

Pissという単語は男も女も使うという。ただ、peeは無難な言葉、pissは品の落ちる言葉なので、動物の専門家としてはurine・urinateを使うようにしよう！

すごくおしっこしたくてたまらないときのスラングが"I have to piss like a race horse."こういう言い方は友人間にとどめること。アメリカではpissはテレビやラジオの放送禁止用語のひとつである。

Pissを使ったイディオムをひとつ。

Be pissed offは**angry**という意味。"The guy is really pissed off."と言えば、アイツは頭にきてるぜ、という意味で、もはや尿とは関係なくなる。この辺は、shitがdefecateという本来の意味をもはや離れて多用されるのと同様である。

同様に相手に腹を立てていて、相手にこの場から出て行って欲しいとき、Get lost（失せろ）という言い方があるが、Pissを使うと、"Piss off, will you ? "と言うんだそうな。

Will you? という文末は、文法的には相手にものを頼んでいる形になっている。しかし、この言葉を言う時は、相手に腹を立てているわけだから、Will you? のyouをちゃんとユーと発音するのでなく、短くYa（ヤ）と、発音する。語尾は上げる。うんざりした顔をして、なげやりにPiss off, ウィルャ? とやると、一番ニュアンスに近い。

とにかく、これも排尿行為とはもはやまったく関係ない言い回しである。

● カルピスとポカリスエット
余談だが、カルピスという「初恋の味」なる乳酸飲料がある。私も大好き。あれは、そのまま発音すると、"Cow piss"に聞こえるのだそうで、アメリカではCalpico（カルピコ）として発売されている。

カルピスに並んで、アメリカ人にびっくりされる飲み物に「ポカリスエット」がある。Sweat、汗だって？ 汗を飲むの？

ちょっとひとやすみ

おしっこ Peepee の話（続き）

お子さま Version
● 先に、子供の使う言葉として、poop（ウンチ）、赤ちゃん言葉に poo-poo というのを紹介した。
Urinate に対応する、子供の使う言葉で、オシッコするにあたる口語は **peepee**（ピーピー）である。これは一語で peepee と書いたり、二語に分けて、pee pee と書いたりする（両方あり。）

これも、おしっこ、という意味で使う時はお子様限定。男の子も女の子も使う。
（ところがややこしいことに、この peepee には膣、ないし尿道、という意味もあり、こちらの意味では大人の女性も使う。）

イギリス Version
● アメリカの pee pee に対応する British English は wee wee である。
これも子供が使う言葉。
オシッコという意味だけでなく、男の子の penis という意味もある。
「オシッコする」は go wee wee。

結論：
とにかく、排尿に関しては、urinate を使えば一番安全である。この言葉は professional なひびきを持つと同時に、丁寧な言い方でもあるのだから。

★ P-Mail：あるとき Dr.Beck（米国）のお宅にホームステイさせてもらい、朝一緒に二匹のイヌを散歩させた。イヌたちは夢中になって電柱の臭いを嗅いだ。Dr.Beck は笑っておっしゃった。"They're checking P-Mails (Pee Mailes)!"
（いうまでもなく、私たち人間が朝一番に E-mails をチェックすることにかけての「しゃれ」である。）

ちょっとひとやすみ

トイレを借りる話

日本語にも、便所、厠、雪隠、はばかり、などさまざまな表現があるが、そのものずばりの言い方は、それこそはばかられる。

昔、外国でトイレに行きたくなったとき、トイレの場所を尋ねるのに、"Where is the toilet?"と私は尋ねていた。まあ、これでも通じることは通じる。

そしたら、誰かに、Toiletという言葉はあまりにも直接的なので、もっと婉曲に、"Where can I wash my hands?"と言ったほうがいいよ、そうすれば、bathroomにつれていってもらえるから、そして、bathroomにはトイレは備え付けられているから、と教わった。

なるほど、うまい表現だなあ、慎み深い淑女（え？誰のこと？）にふさわしい表現だなあ、と深く膝をうった。
さっそく、その次にどこかの国に行った時、試してみた。
そしたら、ほんとに手を洗うところに連れて行かれてしまった……。
流しだけがぽつんとあった。

（後でWilliam（英語の先生）に確認したら、そんな表現はしない、とのこと。やれやれ。）
それに懲りて、以来やはり、toiletに舞い戻っていたが、今回、きちんと調べたところ、次のように言うのがよい。
"**May I use your bathroom?**" (May I use the bathroom?)
"**Can I use your bathroom?**"と言うこともできる。

Bathroomのかわりにtoiletを使うこともできるが、toiletは直接的な表現なので、やはり避けた方がよい。

ええと、日本語だと、バスルームを拝借していいですか？とか、トイレをお借りしていいですか？って言いますよね？
それで、英語の先生に、"Can I borrow the bathroom?"って言ってみて、爆笑された。Borrowというと、トイレという物体を借りてどこか別の場所へ持っていってしまう、というニュアンスだそうな。

くれぐれも私みたいに、直訳するミスはおかさないよう、お気をつけ下さい。

（追記：イギリス英語では、toiletという言葉を使っても大丈夫なようである。しかし、使わずに済むなら、そのほうがやはりよいようだ。）

第2章 Excretion 練習問題 Exercises 🔊 16

Exercise 1
音声を聞いて、A-Fのどれが、下の日本語に対応するかを考え、空欄を埋めなさい。

尿 _____
フン _____
尿検査 _____
糞便検査 _____
ウンチする _____
排尿する _____

Exercise 2
次の言葉を、イメージが硬いもの（文語的表現）から、柔らかいもの（口語的表現）に並べ替えなさい。

Pee
Urinate
Piss

Exercise 3
次の言葉を、イメージが硬いもの（文語的表現）から、柔らかいもの（口語的表現）に並べ替えなさい。

Crap
Feces/ Stool
Shit

Exercise 4
カッコのなかから、正しい語句を選びなさい。

1. My dog must've eaten something bad. He had [diarrhea, a good bowel movement] today.

2. A veterinarian did [a stool examination, a pregnancy test] to find out if it contained any parasites.

Exercise 5
音声を聞いて、同じ意味の文を、印刷された文の中から探しなさい。

Her stool was watery. _____
Her urine was cloudy. _____
I can't defecate. _____
The dog took a leak. _____

Exercise 6
音声を聞いて、下に書かれた文の中から、同じ意味のものを選びなさい。

1. A. I'm constipated.
   B. I have diarrhea.
   C. I urinated.

2. A. He ate too many sweet potatoes and his stomach gurgled.
   B. He belched.
   C. He defecated.

3. A. He had diarrhea.
   B. He had a bowel movement.
   C. He couldn't defecate.

4. A. He has diarrhea.
   B. He threw a chair into the pool.
   C. He drank too much beer last night.

5. A. His urine looks healthy.
   B. His urine isn't clear, and he may have a bacterial infection.
   C. His urine has a cloud in it.

6. A. My dog pees.
   B. My dog vomits.
   C. My dog has bowel movement.

答えは88ページ

第3章
性と生殖
Sex and Reproduction

オスとかメスとか、生物学的な雌雄を意味する言葉はsex。
人間でいうと、男とか、女とか。

もっと社会的な性別による差異が加わったイメージは、genderという。
人間でいうと、男性とか、女性とか。

この章では、sexと繁殖に関するさまざまな話題をとりあげた。
さあ、楽しもう！

Script 15. 去勢　Castration and Neuter	42
ちょっとひとやすみ　去勢するは Castrate か Neuter か？	43
Script 16. 避妊　Spay	45
ちょっとひとやすみ　ピル Pill の話	45
ちょっとひとやすみ　避妊 Contraception の話 — Vasectomy and Tubaligation —	46
Script 17. 発情中　In Heat	47
ちょっとひとやすみ　角のような発情の話 — Horn and Horny —	48
ちょっとひとやすみ　ボーイフレンドとガールフレンド — Boyfriends and Girlfriends —	48
Script 18. 種オス　Stud	49
Script 19. 種ウマ　Stallion	50
妊娠　Pregnancy に関わる用語のまとめ	51
ちょっとひとやすみ　生理、妊娠、つわり あれこれの話 —Expecting, Period and Morning Sickness —	52
Script 20. (Scene) 妊娠　Pregnancy	53
出産　Delivery に関わる用語のまとめ	54
ちょっとひとやすみ　出産 あれこれの話 — Birth and Give Birth —	55
Script 21. (Scene) 出産　Delivery	56
Script 22. 中絶と流産　Abortion and Miscarriage	57
動物の赤ちゃん　Baby Animals	58
ちょっとひとやすみ　鯨とウシはお仲間？ —Whales and Cows —	60
Script 23. 子供　Offspring	61
Script 24. 同腹の子　Litter	63
Script 25. ゲイとレズビアン　Gay and Lesbian	64
Script 26. 割礼　Circumcision	66
Script 27. (Scene) 太りぎみ…!?　Too Fat…!?	67
練習問題　Exercises	69

| Script 15. | Castration and Neuter | Script 15. | 去勢 |

Okay, **castration**, the noun castration, refers to the removal of **genitalia**.

―― *Does the word, genitalia, mean genital organs?*

Yes, it does.
Anyway, the term, castration is used primarily for males, not females.

For **farm animals**, males, we use the word, castration.
For example, "The farmer **castrated** the pig."

But for dogs and cats, we generally don't use the word, castration —— the noun, castration, more than the verb, to castrate.

―― *What do you say for **pet animals**, not farm animals?*

For male dogs and cats, we use the word, **neuter**.

So, "The dog was neutered by the vet about a year ago." That would be a good example of the word, neuter.

さて、**去勢：castration**、名詞の去勢は **genitalia（生殖器）** を除去するという意味だ。

―― *Genitaliaって、生殖器っていう意味ですか？*

そうだよ。
とにかく去勢という言葉は本来オスに使われる。メスじゃなくてね。

産業動物のオスに対しては、去勢：castration という言葉を使う。
たとえば、「農夫はブタを**去勢した**。」のようにね。

だけど、イヌやネコには、ふつうはこの castration っていう言葉は使わない。名詞としての castration の使用頻度は、動詞としての castrate の使用頻度よりさらに低いね。

―― *産業動物じゃなくて、**ペットの動物**には何ていうんですか？*

オスのイヌやネコには、**neuter（去勢）** という言葉を使う。

だから、「そのイヌは獣医師によって１年くらい前に去勢された」、っていうのは neuter という言葉の使い方の良い例だね。

ポイント

去勢する〈動詞 Verb〉	去勢〈名詞 Noun〉	主な適用対象
The horse was castrated.	castration	産業動物 farm animals
My cat was neutered.	—	ペット　pet animals

去勢するは Castrate か Neuter か？

アメリカの一般の人（動物の専門家でない人）とペットの去勢の話をするとき、メスの避妊にはspay、オスの去勢にはneuterという言葉を使うのがふつうである。

ちなみに、neutralという言葉から推測されるように、neuterは中性、ないし中性の、という名詞および形容詞であり、動詞として使うと、中性にする、すなわち去勢する、という意味になる。

中性にする、という意味なのだから、雌雄両性に使えそうなものだが、なぜかメスには使わず、もっぱらオスに適用される。

また、去勢するという動詞として使うときは受身形で使うことが多く、"My dog is neutered." "A neutered cat"のような使い方をする（Microsoft Bookshelfによる）。

この本収録のSceneで、イヌやネコのようなペットのオスの去勢には主としてneuterを、産業動物のオスの去勢にはcastrationという言葉を主に使う。メスの避妊にはSpayを使う、とした。

このことを授業で話したら、アメリカのイヌやネコなど小動物獣医学の現場では、neuterではなく、castrationの方を使うんじゃないですか、と学生に質問された。
アメリカの獣医系のサイトなどで、neuterという単語にはしょっちゅう、お目にかかっていたので、私にはこの質問は意外なものだった。

そこで、何人ものアメリカ人に確かめてみた。全員が、ペットにはneuterの方が頻用される、と確言した。

知り合いのアメリカ人に個人的に尋ねるだけでは、例数が足りない。もっと、客観的な証拠が欲しい。そう思って、Googleでこれらの言葉を検索してみることにした。

結果は **Table 1** の通り。ネコやイヌではneuterの方がcastrationやcastrateより多く、ウマやブタはcastrationの方が多く使われている。ただ、どちらだけ、というわけではない。これらGoogleの検索結果は、本書の見解を裏付けるものだった。

Table 1 : Frequency of the usage of vet terms in Google

	neuter		castration or castrate
cat	1,520,000	>	565,000
dog	1,840,000	>	781,000
horse	424,000	<	517,000
pig	166,000	<	258,000

2007.12調べ

では、獣医師の世界ではどうなのだろうか？
北里大学獣医外科学研究室の左近允先生に尋ねてみた。
そしたら、「専門用語では、メスの避妊はovariohysterectomy（卵巣子宮切除術）、オスはcastrationでしょう」、とのこと。
なるほど、専門家はspayとかneuterなんて言葉は使わないかしら？
そこで、Entrez Pubmedで学術論文を検索してみることにした。
結果は次ページの、**Table 2**の通りであった。
すなわち、イヌやネコではspayより、ovariohysterectomyの方がずっと多く使われているが、spayが使われることもある。

去勢するは CastrateかNeuterか？（続き）

Table 2: Frequency of usage of vet terms in scientific publications in Entrez Pubmed.

	ovario-hysterectomy	spay	castration or castrate	neuter
cat	94	30	701	34
dog	219	39	1,201	26
horse	10	1	539	2
pig	7	3	1,241	1

2007.12.7調べ

オスの去勢はイヌやネコでも、確かにcastrationの方が多く使われているが、neuterも使われないわけではない、ということがわかった。

以上の検索結果から、私なりに導き出した結論は以下の通りである。
獣医師や動物の看護士仲間が、専門用語を使ってイヌやネコの去勢の話をするときは、ovariohysterectomyやcastrationを使えばよいと思う。

実際日本の臨床現場ではovariohysterectomyを略してOH（オーハー）と、ドイツ語読みするらしい。（注意：大部分のアメリカ人はドイツ語なんて知りません。たとえば水素イオン濃度をペーハーといっても通じません。ピーエイチといえば通じる。）

オーハーもたぶん通じないだろうから、ちゃんとフルに、ovariohysterectomyと言わなくっちゃ、もしかしたら、わかってもらえないかも、と思う。Castrationは、キャストと略しているらしい（これもアメリカでは、省略形では多分通じない、fullにcastrationと言うべし）。

とにかく日本ではオーハーでもキャストでも、郷に入っては郷に従えで、そのように呼べばよいと思う。

ただ、獣医師や動物の看護士のややこしいところは、専門家同士だけで話していれば済む、というわけではないことである。畜主の大半は専門家ではないからである。英語圏の国で、患畜をクリニックに連れてくる人の大部分は、ovariohysterectomyなんて言葉は、多分言ってくれない。

日本でだって、ペットクリニックに来る人は、「うちのネコを避妊してください」、と言うのであって、「うちのネコに卵巣子宮摘出術を施してください」、なんて言わないですもんね？

だから、動物の専門家の仲間内でない、ふつうのアメリカ人と去勢の話をするときは、spayという言葉を知っていなくちゃ、困るんである。

同様に去勢もcastrationという単語だけでなく、neuterという単語も知っていなくちゃ、多分「あんた、ホントに獣医さん？」って言われてしまうだろう。

外国に行くと、日本での職業を尋ねられたとき、「veterinarianだ、」と答えると、ペットの臨床相談をされることがある。そういうときも、一般の人（獣医でない人）は、spayやneuterという単語を使うであろう。

結論：
動物の専門家にとって、spay、neuter、castrationはすべて、必須英単語である。

Script 16. | Spay

🔊 18

The term **castration**, the noun, and the verb **to castrate**, is used mostly for farm animals. For pets, we'd use the word, **neuter**, for a male.

—— *What's the term for females?*

For female dogs and cats, we use the word, **spay**, which is spelled S-P-A-Y.

So, we could say, "After having two litters, the cat owner decided to spay her —— she was spayed."

—— *Got it.*

Script 16. | 避妊

去勢：**castration** という名詞と、**去勢する**：**to castrate**、という動詞はもっぱら産業動物に使う。ペットには、**去勢**：**neuter** っていう言葉を使うよ、オスにはね。

—— メスのための単語は何ですか？

雌イヌや雌ネコには、**避妊**：**spay** という言葉を使う。S-P-A-Y って綴るんだ。

だから、「2腹の子をもうけたあとで（2回分娩した後で）、飼い主はそのネコを避妊することに決めた——そのネコは避妊された」、のように言う。

—— わかりました。

ポイント

避妊する〈動詞 Verb〉	避妊〈名詞 Noun〉
The dog is spayed.	spay は動詞で、この名詞形はない。

ちょっとひとやすみ

ピル Pill の話

今は避妊したいが、将来は妊娠したい、というとき、もっとも頻用される方法は、男性には condom、女性には pill である。

この pill という英語は注意が必要である。日本語でピルというと、経口避妊薬、というイメージがあるが、英語は、かならずしも、そうとは限らない。pill とは、単に錠剤、というだけの意味しかもたないこともあるのだ。

私は初めてアメリカに行ったとき、そのことを知らず、ある年配の女性がハンドバックから、小さなかわいい容器を出して、「ああ、これは pill case よ」と言うのを聞いたとき、

仰天した。
経口避妊薬なんか飲まなくたって、もう赤ちゃんとは縁のなさそうなご年配の方だったし（失礼！）、なにより「pill を服用しているのよ」、と他人に言うというセンス自体にもびっくりしたのだ。

このときは私の誤解で、pill は、単に錠剤というだけの意味だったわけである。

しかし、"The pill" というときは、特定のピル、the birth control pill（経口避妊薬）を意味する。"**She is on the pill.**"と言うと、彼女は避妊のため、避妊薬を服用している、という意味。

避妊 Contraception の話
— Vasectomy and Tubaligation —

男性	vasectomy	He got a vasectomy.	精管切断した。
女性	tubaligation	She got her tubes tied.	卵管結紮した。

獣医学分野で頻用される去勢：castrate/neuter も避妊：spay も、両方とも、生殖器をとり去る手術である。生殖器は性ホルモンを分泌するので、この結果、ホルモンの状態が変化する。また、永久的な手術で、後でもとには戻せない。

Contraception（避妊）
Contra- は「対立する」、「反対の」、の意味。-ception は、conception（妊娠、受胎）の短縮。あわせて、受胎させないわけだから、つまりは、避妊、あるいは避妊法を意味する。

Birth control とほとんど同義語として使われる。
例文：
　Do you use birth control?
　Do you practice birth control?
　Do you use contraception?

Vasectomy and Tubaligation
人間が子供を欲しくないときに行う手術は、生殖器は残したまま、精管または卵管を切断／結紮するのが一般的である。

●男性
精管は **vas deferens** なので、精管切断術は **vasectomy** と呼ばれる。精管を切断し、断端を結紮する。

この vasectomy という言葉は医学用語だが、日常会話でもふつうの（医師や獣医師でない）人も使う言葉だそうだ。
　He got a vasectomy.

なお、日本語では、パイプカットと言うが、これは和製英語（日本語）である。よって、英語圏の人には通じない。

●女性
卵管結紮は、一般に **tubaligation** と呼ばれる。Tube（(卵)管）と Ligation（結紮）を組み合わせた言葉である。切断し、その断端を結紮する場合と、プラスチック製のバンド、クリップなどで結紮するだけの場合とがある。

卵管の解剖学用語は oviduct だから、"oviduct ligation" と言ってもよさそうな気がする。だが、実際には "oviduct ligation" は、実験室の中で生理学的実験などに使われる用語であり、日常会話では、使われない。

日常会話では tubes tied という。
I got my tubes tied.

この tubes tied は、管を縛る、というだけの意味だから、その管が精管であれ、卵管であれ、
男女両性に使ってよさそうな気がする。しかし現実には、なぜか女性にのみ適用され、男性には使われない。

●注意：
Vasectomy も tubaligation も半永久的な手術なので、一時的に避妊したいが、将来は子供が欲しい、というときは使えない。

Script 17. | In Heat

Okay, the term for an animal, for a female, which is **in estrus**, is **in heat**.
It means that the female is ready for, or receptive to, sexual intercourse for the purpose of reproduction.
That is the common word, heat.

While in heat, many female animals exhibit signs indicating they are "ready for sex."

—— *Could you give me an example sentence, please?*

Sure. We could say that the cat is in heat now and the breeder decided to mate her.

—— *You used the word, estrus?*

"**In estrus**", or "**ovulating**"; It is a more technical term.
We could say, "The animal is in estrus, and the breeder decided to mate her."
But in estrus is not an everyday term and isn't used nor understood by everyone.
In heat is widely understood.

—— *Interesting.*

Script 17. | 発情中

さて、動物の、メスのための用語で、**発情中：In estrus** のことを **In heat（発情している、さかりがついている）** と言う。これはそのメスが繁殖のための性行為の準備OKのこと、性交渉を受け入れる状態にあることを意味するんだ。
Heatっていうのは、よく使われる言葉だよ。

発情中には多くのメスの動物たちは、「セックス大丈夫よ」っていう兆候を示すよ。

—— （この言葉を使った）例文をいただけますか？

いいとも。たとえば、「あのネコは今発情中だから、ブリーダーはそのネコを交配することにした」、という風に言う。

—— Estrusっていう言葉を使われましたよね？

In estrus（発情中）、あるいは **ovulating（排卵中）** は、もっと専門的な用語だよ。
「その動物はIn estrusだからブリーダーは交配することに決めた」、という風に使うことができる。
だけど「In estrus」（発情中）は日常用語ではないし、誰もが知ってて使う言葉でもないんだ。
「In heat」（発情している、さかりがついている）は広くわかってもらえるけどね。

—— おもしろいですね。

ポイント

発情中〈一般用語 Common word〉	発情中〈医学用語 Medical term〉
The cow is in heat.	The cow is in estrus. The cow is ovulating.

注：Estrusは名詞、Estrousは形容詞と書いてある場合と、区別せずに使っている場合がある。

角のような発情の話
― Horn and Horny ―

角はhornという。日本語だと角を生やす、とか角を立てる、というと、怒っている、という意味になる。

しかし、英語のhornyには、「角のような」、という意味に加えて、「発情した、性的に興奮した」、eagerly desiring sexual intercourse、という意味がある。そういうときの、男性のその部位の形状に由来する表現だが、女性もeagerly desiring…という状態だと、女性に対しても使える言葉なんだそうだ。

だから、「昨夜帰宅が遅かったんで、女房が角はやしてて（怒ってて）」なんていう文を英訳するときは、間違っても直訳して、"She was horny." なんて言っちゃだめよ。別の意味に誤解されてしまうから。この文は "Since I was late to go back home last night, my wife was very angry."とか、"She was jealous."とか訳しましょう。

ボーイフレンドとガールフレンド
― Boyfriends and Girlfriends ―

英語でboyfriendとか、girlfriendとか言うときは、単なる友達で、その相手がたまたま異性、という意味では、断じて、ない。もっと深い仲を意味するので、気をつけて使いましょう。

僕は異性の友達（単なる友達）がたくさんいる、と自慢するつもりで、"I have many girlfriends."なんて言っちゃうと、とんでもないドンファンと思われてしまう。

アメリカでは、boyfriendとgirlfriendがひとつ屋根の下に住むと、税金や保険金の支払いで優遇措置がとられる州があるそうである（全ての州ではないらしい）。法律的に結婚していないにもかかわらず！である。こういう人たちは **domestic partners**という。

蛇足ついでにもうひとつ、
注意した方がよい単語にintimateがある。

辞書には、親密な、懇意な、などという意味が最初の方に載っているので、親しい友達、というつもりで、"We are in intimate relationship."なんて言うと、誤解される。
辞書のいちばん最後あたりに小さく書いてあるが、Intimateには、Of or involved in a sexual relationship.という意味もあるのだ。
たとえ小さくしか書いてなくても、実際にはこちらの意味で使われる。
単に仲がいいだけの友達のときは、"She is my good friend."と言いましょう。

Script 18. | Stud

A **stud** is a male animal whose job is to **impregnate** females.

So for example, a **stud horse** would be a male horse specifically chosen and utilized to impregnate females.

── *Do you use the word, stud, for other animals, such as pigs or cattle?*

Yes, we do.
Generally, breeders will pay for a good male ── a stud ── to come and impregnate the females.

(Laughing) Stud is also used as slang for a man who attracts many females and has strong sex appeal with many females.

── *Aha, stud. Okay.*

Script 18. | 種オス（繁殖用のオス）

種オス：**Stud** というのはオスの動物で、その仕事はメスを**妊娠させる**ことだよ。

だからたとえば、**種ウマ**はオスのウマで、特に選ばれて、メスを妊娠させるために使われるウマのことだよ。

── その stud っていう言葉は他の動物、たとえばブタとか、ウシなんかにも使いますか？

使うよ。
一般的にブリーダーは良いオス──良い種オス──にお金を支払うんだ、来てもらってメスを妊娠させてもらうためにね。

（笑）Stud はまたスラング（俗語）としても使われるよ。大勢の女性をひきつけて、多くの女性に強いセックス・アピールのある男性のことだよ。

── ああ、種オスね、わかりました。

ポイント

種オス〈どんな動物でも、ウマも含む〉	種ウマ〈ウマだけだが、種ウマでなくても、若く壮健なウマに使うことあり〉
stud	stallion
I need a pure-bred stud.	That stallion won the Kentucky Derby.

★女同士の会話（男の品定めをしているところ）で、"What a stud!"、って言ったら、つまり、「彼はセクシーだ」、っていうこと。He is stud. ＝He is good looking./He is sexy.

Script 19. | Stallion

—— *Do you use the term, stallion, for male horses?*

Well, a **stallion** means an adult male horse that has not been castrated, especially one kept for breeding.

—— *I see.*

Those people who work with horses would use it only for a stud horse; however, **lay persons** would say stallion for any kind of robust-looking, male horse.

Do you get my drift?

—— *Yes.*

Script 19. | 種ウマ

——Stallionという言葉を雄ウマに使いますか？

種ウマ：stallionというのは、成熟した雄ウマで、去勢されていなくて、とりわけ、繁殖のために飼われているウマを意味するんだ。

——わかりました。

ウマと働いている人たちは、この言葉（stallion）を種オスという意味だけで使うのかもしれない。だけど、**素人**はstallionっていう言葉を、どんな種類であれ、頑丈そうにみえるオスのウマ全般に使ってしまうんだ。

私の言っている趣旨がわかるかな？

——はい、わかります。

妊娠 Pregnancyに関わる用語のまとめ

妊娠 Pregnancy

フレーズ	邦訳	例文
pregnancy	妊娠	Pregnancy in humans lasts about nine months.
conception	受胎	Conception happens when a sperm fertilizes an egg.
get pregnant	妊娠する	A spayed female cannot get pregnant.
become pregnant	妊娠する	My sister became pregnant.
conceive (a child)	子を宿す	After nine months, my sister conceived a child.
get pregnant	妊娠する	A spayed female cannot get pregnant.
make her pregnant	妊娠させる	He accidentally got his girlfriend pregnant. 〈more natural—より自然な表現〉 He accidentally made his girlfriend pregnant. 〈not wrong. 間違ってはいないが、ちょっとヘン〉
be pregnant	妊娠中	My wife was pregnant twelve months ago.
be going to have a baby	妊娠している（出産予定）	My sister is going to have a baby.
duration of pregnancy	妊娠期間*	The duration of pregnancy varies among species.
toxemia of pregnancy	妊娠中毒	
period	月経（期），生理	A woman's period occurs about once a month.
sterilization	不妊にすること，断種（手術），殺菌，滅菌，消毒.	Sterilization is one solution to animal population control.
infertility	不妊	

＊ゾウの妊娠期間：**Duration of the pregnancy, Gestation length**は、18-22ヶ月。なんと、2年がかり！ ちなみに、ヒトの妊娠期間は9ヶ月弱（266日）（十月十日ではない！）、イヌは約2ヶ月（63日）、ラットやマウスは3週間（21日）である。

胎仔 Fetus

単語	邦訳	例文
embryo	胚子（妊娠早期）	An embryo is an organisim in early stoges of development; while a fetus is in later stages.
fetus, foetus	胎仔（妊娠中期～後期）	
gestation	懐胎	
	妊娠7ヶ月目	Seven months of gestation.

● **Embryo** Embryoというのは厳密にはいつから、このように呼ぶのか、というのは微妙な問題だが、慣例としては、桑実胚くらいのときは、すでにEmbryoという言い方をする。

● **受精卵移植** 受精卵移植はembryo transfer. 日本語では受精卵、という言い方をするが、この時期はすでに、ovumではなくembryoであるため、英語では胚の移植embryo transferとなる。

また移植を、英語に訳そうとすると、transplantation of fertilized eggとかなんとか、訳したくなる。たとえば腎臓移植はtransplantation of the kidneyである。

しかし、英語で受精卵移植のときは、transplantationを使わず、transferを使う。

ちょっとひとやすみ

生理、妊娠、つわり あれこれの話
―Expecting, Period and Morning Sickness―

●生理：Period

生理（月経）は医学用語ではmenstruationで、日本語ではこれをカタカナにして、後半を省略し、メンスと言ったりしますよね？

ふつうのアメリカ人もmenstruationという言葉は知っているそうだ。しかし、アメリカの日常会話ではperiodの方がふつうなんだそうな。
この語感は「月のもの」に近い感じ。

ただ今、生理中、というのは"I have my period now."もしくは、"I'm menstruating now."という。

ちょいと脱線。
「生理中」のスラングで、"She is on the rag."というのがある。
Ragというのは、ぼろ布、を意味するが、ここでは、sanitary napkin（生理用ナプキン）のこと。ナプキンをつけているのだから、つまりは、ただ今生理中、という意味である。やれやれ、ひどいスラングですな。

これが転じて、"She is on the rag."は、彼女は今機嫌が悪い、あるいは怒っている、という意味になる。多くの女性は、生理の最中、気難しくなったり、機嫌が悪くなったりする、そこから転じて、こう言うようになった。

●妊娠：Expectant

妊娠の婉曲な言い方に、"She is expecting."というのがある。
Expectingは、この場合、漠然と何かを期待しているのではなく、赤ちゃんが生まれることをexpectingしている、すなわち、妊娠しているのである。

これが形容詞になるとexpectantとなり、妊娠中、という意味になる。An expectant motherは妊婦。

●つわり：Morning sickness

つわりはmorning sicknessという。
つわりになるのが朝だったら、もちろん、morning sickness！
昼でもmorning sickness！
夜でもmorning sickness！
――時間に関係なく、とにかく、つわりはmorning sicknessなのである！

●Prenatal visit

妊娠中に医師の定期的診断：prenatal checkupを受けに行くことをprenatal visitという。
Preは前、natalは分娩の、の形容詞。
Postは後、postnatalというと「分娩後」となる。

蛇足だが、この前preと、後postを両方使った言葉にpreposterousという言葉がある。前が後ろになるという語源から、「途方も無い、馬鹿げた、不合理な」という意味になった。

(Scene) —At an Animal Hospital—

🔊 22

| Script 20. | Pregnancy | | Script 20. | 妊娠 |

Kris: Good morning, Dr. Thomson.

Dr. Thompson: Good morning, Kris.

Kris: I brought Lucy in, because I think she is **pregnant.**

Dr.: Perhaps congratulations are in order then.

Kris: How long will it be until she **gives birth**?

Dr.: Well, let's begin with when she was bred.

Kris: About a month ago, when Lucy was **in heat**.

Dr.: **Pregnancy** in dogs lasts about 63 days; so, Lucy will be a mother in about a month.

Kris: Oh, great! Could you please give Lucy a checkup?

Dr.: Sure.

クリス: おはようございます、トンプソン先生。

トンプソン先生: おはよう、クリス。

クリス: ルーシーを連れてきました、この子、**妊娠**していると思ったからです。

先生: それじゃ、おめでとう、って言わなくちゃね。

クリス: **出産**するまでどのくらいかかりますか？

先生: そうですね、まずいつ交配したか、ってとこから始めましょうか。

クリス: 1か月くらい前です。ルーシーが**発情**したときです。

先生: イヌの**妊娠**期間はおよそ63日です。だからルーシーは1ヶ月後くらいにお母さんになるでしょう。

クリス: わあ、素敵！ルーシーを診てやっていただけますか？

先生: もちろんですとも。

ポイント！

	妊娠〈名詞, Noun〉	妊娠している〈形容詞, Adjective〉
用語	pregnancy	pregnant
例文	She had a difficult pregnancy. Her pregnancy was a surprise.	My dog is pregnant.

出産 Delivery に関わる用語のまとめ

分娩 Delivery

フレーズ	邦訳	例文
delivery	分娩、出産	Delivery can be a long process, and labor can last a long time.
labor	分娩、出産	
having a baby	分娩、出産	Having a baby takes time.
giving birth	分娩、出産	Giving birth can be difficult, even in dogs. Dogs, like humans, sometimes suffer labor pains.
labor pains	陣痛	
contraction	出産時の子宮の収縮	Uterine contraction.
Caesarean section =Cesarean section =C-section	帝王切開	Caesarean section, also called C-section, is one way to deliver a baby.
easy delivery, light labor	安産	C-sections are considered by some to be an easy method of delivery, and they are typically associated with light labor, or even no labor.
difficult delivery, hard labor, heavy labor, intense labor	難産*	A difficult delivery is a delivery in which intense labor causes pain and stress to the woman and the child.
stillbirth	死産	=fatal demise =born dead
breech delivery	逆子	Breech deliveries are commonly handled by C-section in the United States.
painless childbirth	無痛分娩 〈for humans〉	Painless childbirth is also an option some mothers choose.
Lamaze technique	ラマーズ法 〈for humans〉	The Lamaze technique is not as popular as it once was in the United States.

*難産は、辞書によってはhard deliveryと書いてあるものもある。アメリカ人数人に確認したところ、「皆、意味がわからないわけではないが、使わない。Difficult deliveryの方がよい」、との意見だったので、この表からはhard deliveryを削除した。

★なお、双子はtwins、三つ子は triplets, 四つ子は quadruplets, 五つ子は quintuplets, 六つ子は sextuplets。一卵性双生児はidentical twins、二卵性双生児はfraternal twins.（fraternalは「兄弟の」という意味。）このようにたくさんの子供をいっぺんに授かることをmultiple pregnancyという。

ちょっとひとやすみ

出産 あれこれの話
— Birth and Give Birth —

- ●「出産」を意味する英語は、delivery の他には、labor、having a baby、giving birth などがよく使われる。

- ●birth は誕生という名詞としての意味だけでなく、動詞としても使い、to deliver（出産する）、という意味となる。たとえば、
  A mare birthed her foal.（雌ウマが子ウマを産んだ）

  人間に対しては、このbirthという語は、give birthのように使うのが一般的である。たとえば、
  She gave birth to a baby boy.（男の子を産んだ）

  動物にはbirthを、人間ではgive birthを使う頻度が高い。

  どうして動物と人間で、英語表現が変わるのさ？ とWilliam（英語の先生）に尋ねてみた。"elevated status of humans vis-à-vis animals"（動物との関係においてヒトが、上のステータスを占めているため）というのが返答だった。

- ●labor は苦しい労働という意味の言葉でもあるから、出産はたいへんだ、という気持ちのこもった言葉なのだろう。
  聖書で、イブが楽園を追放されるとき、神様に与えられた罰は「産みの苦しみ」だった。

- ●**Pop out**
  分娩を意味するちょっとユーモラスな表現に、**pop (popping) one out** がある。
  My wife popped out a baby girl in just a few hours.
  The baby popped out of mommy.

- ●**帝王切開：Caesarean section**
  この言葉の語源は(1)ラテン語のcaesarea（切る）にある、という説、(2)ユリウス・カエサル（ジュリアス・シーザー）個人にあるという説、(3)ローマ皇帝にあるという説が入り乱れている。英語でC-sectionというとき、Cは大文字で書くことが多いが、これは個人名に由来するという説にのっとったもの。c-sectionとすべて小文字で書くこともある。

- ●**ラマーズ法：Lamaze technique**
  左ページの表には、獣医学とは関係ないが、ラマーズ法も、おまけ？ で入れておいた。なお、Lamaze techniqueはアメリカでは、かつては人気があったが、今はさほどではないようだ。

- ●**戌の話**
  ところで、日本では犬（戌）は安産のシンボルである。
  で、例によってWilliam（英語の先生）に尋ねてみた。
  Do you say, "The delivery was as light as bitches or dogs?"（雌イヌみたいに安産だった、って言いますか？）

  返事は"Never!"（あり得ない！）という強いものだった。
  Bitch っていう言葉は女性の悪口を意味するスラングでもあるので、「女性のするlaborに、bitchを引き合いに出すなんて、考えられない!!」んですって。
  「日本では戌の日に腹帯をする習慣がある。犬は安産のシンボルよ」、と言ったら、Williamは仰天しておりました。

(Scene) ウシ小屋にて —At a Cow Shed—

🔊 23

| Script 21. | Delivery | Script 21. | 出産 |

Student: How long does a bovine **delivery** usually take?

Vet: Generally it doesn't take too long, unless complications arise.

Student: What complications could arise?

Vet: One possibility is that the position of the calf in **the vagina** doesn't allow for an easy delivery. We call that the dystocia. The calf's leg could be bent at an unusual angle, for example, causing it to be stuck. Another possibility is that the mother's contractions are too weak and she can't push the calf out.
The cow could have some sort of hormonal problems as well.

Student: Too bad for her and for the calf! So cows can have a **difficult delivery**, just like humans? What would you do in these cases?

Vet: Well, in the case of an abnormal position of the legs, we would push the calf back into the uterus, and actually help straighten out the legs.
Alternatively, we may need to assist the birth process with a rope tied to the legs.

Student: Oh, I see. Do you sometimes perform a **Caesarian section** on cows, as is done with humans?

Vet: Yes, we can do that. That is routine. We can perform C sections on cows.

学生：ウシの**出産**って、ふつう、どのくらい時間がかかるんですか？

獣医：ふつうはそんなにはかからないよ、合併症を伴わない限りね。

学生：どんな合併症がありえるんですか？

獣医：ひとつの可能性としてはウシが**膣内**でへんな姿勢をとっているときだよ、異常分娩って呼ぶんだ。たとえば子ウシの脚が妙な角度で曲がっているとかでつっかえてしまうとか。他の可能性としては、母ウシの陣痛が弱すぎて、赤ちゃんを押し出す十分な力がないときもあるよ。
母ウシがなんらかのホルモンの異常をかかえていることもあるし。

学生：かわいそうな雌ウシと赤ちゃん！
じゃあ、ウシもヒトとまったく同じように、**難産**になることもあるんですね。そういう場合どうするんですか？

獣医：そう、脚の位置の異常のときは、赤ちゃんを子宮まで押し戻して、脚を伸ばすように手助けするだろうね。脚にロープを結んで、出産を助けることもあるよ。

学生：なるほど。ウシにも人間にするみたいに**帝王切開**することもありますか？

獣医：ああ、そうだよ、日常的にね。ウシにも帝王切開することもあるんだよ。

ポイント！

出産 〈名詞, Noun〉	出産する 〈動詞, Verb〉
delivery	deliver
The delivery went well.	The puppy was delivered last night.
The delivery was smooth.	

Script 22. | Abortion & Miscarriage

Abortion generally refers to terminating a pregnancy, ending a pregnancy before the woman gives birth.

Abortion is a medical procedure.
If a woman's child dies in the uterus, or if it comes out and dies, we don't call that an abortion; we call it a **miscarriage**.

── *Do you say, "Spontaneous abortion"?*

There is a term, **spontaneous abortion**, which means the same as miscarriage; but it's more of a medical term, and not used in everyday speech too much.

── *I have an impression that abortions are very bad thing in Western culture, than that in Japan. Am I correct?*

Abortion is a hot-button topic in the West, especially in US politics.

Many people reject abortion as a kind of murder, because they consider the fetus as a life, and therefore aborting that life is morally reprehensible.

Others believe women have the reproductive right to terminate a pregnancy.
In any case, abortion is a serious procedure and it is not taken lightly.

── *I see. Thank you.*

Script 22. | 中絶と流産

Abortion（妊娠中絶、堕胎）というのは、ふつう、妊娠を終わらせること、出産する前に、妊娠をやめることをいうんだ。

中絶：abortionというのは医学的な処置だよ。もし女性の子供が子宮の中で死ぬか、あるいは子宮の外に出て死んだら、私たちはこれを妊娠中絶とは呼ばない、**miscarriage**（流産）と呼ぶんだ。

──「自然流産」って言いますか？

「自然堕胎」（自然流産）という言葉もあって、流産と同じ意味だよ。でもこれは、もっと医学的な用語で、日常会話にはほとんど使われないね。

── 中絶っていうのは西欧の文化ではとても悪いこと、日本におけるよりずっと悪い印象があるんですが。そうなんでしょうか？

中絶っていうのは、西洋ではとても微妙な話題なんだよ、とりわけアメリカの政治ではね。

多くの人々が中絶を一種の殺人として拒絶しているんだ、なぜなら、彼らは胎児にも生命があると考えているからね、だからその生命を中絶することは、道徳的に非難されるべきことだよね。

女性は妊娠を停止する出産の権利を持っている、と信じている人たちもいる。
いずれにせよ、中絶は深刻な手続きで、軽々しく扱われるべきことじゃないよね。

── わかりました、ありがとう。

ポイント

	妊娠中絶／堕胎 〈英語では犯罪に近いイメージ〉	流産 〈やむをえない、というイメージ〉
用語	abortion	miscarriage
例文	She went to the clinic for an abortion. She had an elective abortion.	She had a miscarriage after the car crash.

動物の赤ちゃん
Baby Animals

注意：赤ちゃん、というと、Babyという英語がすぐ思い浮かぶ。だけど、イヌが赤ちゃんを産んだ、という日本語を英語に訳すとき、My dog birthed babies.としてはいけない！Babyという英語は、もっぱら人間の赤ん坊を指す言葉であるからだ。

もちろん、イヌがbabiesを産んだ、と私たち日本人が言っても、英語nativeの人たちは、何を言いたいのか、わかってくれる。だから、会話としては、成り立つわけである。

しかし、そのように大目に見てもらえるのは、こちらの英語のレベルがそれなりのときまでである。動物の赤ちゃんには、それぞれ固有の名詞があり、イヌだったら、puppiesを産んだ、ネコだったら、kittensを産んだ、ウシだったら、calfを産んだ、というように表現しなくてはいけない。

というわけで、以下の表をご覧ください。
動物の赤ちゃんの呼び名をまとめてみた。実はこの表は詳しすぎて、アメリカ人の先生に添削してもらおうとしたら、こんなに知らない、と言われてしまった。まあ、よくあるペットや家畜の赤ちゃんの名前くらいおさえておけば、大丈夫だと思う。

動物の子供の呼び方はとてもバラエティーに富んでいて、楽しい。

この表をよく見ると、似たような語尾変化をするもの（−let、−lingsなど）や、ずいぶん違う動物でも、子供の呼び方は一緒だったりする。

たとえばブタの子供はpigletで、オウム（鳥）の子供はowletで、両方letを語尾にもつ。語尾のletは、小さくて可愛らしいイメージを伝えてくれる。

また、アヒルの子供はducklingで、語尾にlingがくる。-lingはチビ、というイメージ。そしてなんと、恐竜の子供（！）だってhutchlingなのだ！

Table：Baby animals

	大人		子供		和名	備考
	singular	**plural**	**singular**	**plural**		
mammals	kangaroo	kangaroos	joey	joeys	カンガルー	
	hare	hares	leveret	leverets	野ウサギ	
	beaver	beavers	kit	kits	ビーバー	
	skunk	skunks	kitten	kitten	スカンク	
	bear	bears	cub	scubs	熊	
	fox	foxes	cub or kit or pup	cubs or kits or pups	狐	
	lion	lions	cub	cubs	ライオン	
	panda	pandas	cub	cubs	パンダ	
	tiger	tigers	whelp	whelps	トラ	
	horse	horses	foal	foals	ウマ	
	zebra	zebras	colt or foal	colts or foals	シマウマ	
	goat	goats	kid	kids	山羊	
	sheep	sheep	lamb	lambs	羊	
	deer	deer	fawn	fawns	鹿	
	impala	impala/impalas	fawn	fawns	インパラ	

	singular	plural	singular	plural	和名	備考
mammals	pig	pigs	piglet	piglets	ブタ	
	cow	cows	calf	calves	ウシ	calve can be a verb, which means cows/whales delivers babies
	giraffe	giraffes	calf	calves	キリン	
	elephant	elephants	calf	calves	ゾウ	
	rhinoceros	rhinoceros /rhinoceroses	calf	calves	サイ	
	whale	whales	calf	calves	鯨	
	seal	seals	pup or whelp	pups or whelps	アシカ アザラシ オットセイ	
reptile	dinosaur	dinosaurs	hatchling	hatchlings	恐竜	extinct
birds	bird	birds	nestling	nestlings	鳥	
	hummingbird	hummingbirds	fledgling	fledglings	ハミングバード	
	chicken	chickens	chick	chicks	鶏	
	rooster	roosters	cockerel	cockerels	おんどり	
	goose	geese	gosling	goslings	ガチョウ	
	duck	ducks	duckling	ducklings	アヒル	
	hawk	hawks	eyas	eyases	鷹（タカ）	
	penguin	penguins	chick	chicks	ペンギン	
	pigeon	pigeons	squab	squabs	鳩	
	partridge	partridges	cheeper	cheepers	ヤマウズラ	
	owl	owls	owlet	owlets	フクロウ	
	eagle	eagles	eaglet	eaglets	鷲（ワシ）	
	swan	swans	cygnet	cygnets	白鳥	
	turkey	turkeys	poult	poults	七面鳥	another meaning, stupid/dull person
	grouse	grouse	flapper	flappers	ライチョウ	
amphibian	frog	frogs	tadpole	tadpoles	蛙	
fish	fish	fish	fingerling or fry	fingerlings or fry	魚	
	salmon	salmon	smolt	smolt	鮭	
	shark	sharks	cub	cubs	鮫	
	eel	eels	elver	elver	ウナギ	
	codfish	codfish	sprag	sprags	タラ	
invertebrates	mackerel	mackerels	blinker	blinkers	サバ	
	butterfly	butterflies	caterpillar	caterpillars	蝶	蛾はmoth
	grasshopper	grasshoppers	nymph	nymph	バッタ	
	spider	spiders	spiderling	spiderlings	蜘	

ちょっとひとやすみ

鯨とウシはお仲間？
— Whales and Cows —

前ページの動物の表を作っていて、おもしろい発見をした。

なんと、鯨：whaleの子供の呼び名（calf〈単数〉, calves〈複数〉）と、ウシ：cowの子供の呼び方（calf/calves）が一緒なんである！

鯨は、漢字では魚偏である。日本人にとっては、海にいる生物、というイメージが強い。もちろん、知識としては、鯨が哺乳類であることは知っていても、鯨はなんといっても、まず第一義的に、海の生物なのである。

しかし、英語を見ていて、思ったのは、西洋の人にとっては、鯨は牛に近いイメージなのかもしれない。日本人には、多分、鯨の子に、ウシの子と同じ呼び名をつける、という発想はないだろう。

捕鯨についての見解は、多くの日本人と、平均的西欧人の間に、大きなギャップがある。この表を作っていて、鯨の子供は、ウシの子供や、キリンの子供や、ゾウの子供や、サイの子供と同様、calfなんだ、と気がついたとき、このギャップの一因に触れた気がした。

多分、西欧人にとっては、鯨は、海に住んでいるかどうか、ということより、なんといっても哺乳類の仲間である、というのが、第一義的なことなのだろう。

ある日のこと。
系統発生の系統樹を見ていて、鯨のミトコンドリアの遺伝子が、ブタの遺伝子と近いことを知って、仰天した。

で、うちのダンナとの会話。
「ねえねえ、系統発生学的に、鯨って、ブタに近いって、知ってた？」
「え？今頃そんなことに驚いてるの？それって、常識じゃん。っていうか、ブタより、河馬（カバ）に近いんじゃなかった？」
「ええーーっ、そうだったの？今まで知らなかったよ。ねえねえ、鯨とブタと近縁だから、鯨の肉って、おいしいのかな？」
「おいおい、あんまりムチャ言うなよ。」

（それから、会話は、小学生のときの給食は三日にあげず鯨肉の竜田揚げだったよね、という方向に流れていった。）

しかし、こういう会話は、親しい日本人同士なら、まあなんてことないと思うが、アメリカやヨーロッパの人とするときは（あるいは日本人でも捕鯨に反対する人とするときは）、注意の上にも注意を重ねないと、危険である。

西洋の人に、たとえば「鯨の推定頭数は増えている」とか、「Moby Dickの昔は、あなたたちの祖先もさんざん捕鯨してたでしょ」、とか、「日本の固有文化だ」、などと言っても、まったくムダである。

西洋人の捕鯨に対する拒否感は、たとえば私たち日本人が肉屋さんで売っている鶏肉は平気で食べるのに、ペットとして飼っているジュウシマツを食べる気になれないのと同じくらい、頭で考える問題ではなく、心に直接響いてくる問題のようなのだから。

Script 23.	Offspring		Script 23.	子供

Okay, we'll talk about children, or **offspring**, which I think is a better word for animals, the offspring of some common animals.

— *Oh, not children but offspring?*

We utilize the term, child or children, for humans. We usually, however, use the term, offspring, for animals.

— *Do you mean, children or child are restrictedly used only for humans, and offspring only for animals?*

No, we can use the term offspring for both humans and animals. In contrast, the terms child or children are essentially used for humans.

— *I see.*

The offspring of cats are called **kittens**; the offspring of dogs are called **puppies**. One kitten, two kittens; one puppy, two puppies.

The offspring of cows are calves. One calf, or two calves. The offspring of horses are called **foals.**

— *Foals?*

Yeah, foal. F-O-A-L. One foal, two foals.

— *Uh huh, the offspring of pigs are piglets?*

Piglets, yes, the offspring of pigs are **piglets.**

さて、**子供**について話そう。Offspringの方がchildrenより、動物に使うには適切な言葉だと思うね。いくつかのよくいる動物の子供について話そう。

—*ええ？ Childrenじゃなくて offspring なんですか？*

Childやchildrenというのは人間の子供のことだよ。でも動物の子供を言うときは、ふつう、offspring っていう言葉を使うよ。

—*チルドレンとか、チャイルドはもっぱら人間に対してのみ使われ、offspringっていう言葉はもっぱら、動物だけに使う、っていう意味ですか？*

いや、違うよ。Offspringは人間と動物の両方に使える。だけどchildやchildren っていう言葉はもっぱら人間の子供に使うね。

—*わかりました。*

ネコの子供は**子ネコ：kitten**と呼ばれる。イヌの子供は**子イヌ：puppies**だ。Kitten（子ネコ）が1匹、kittensが2匹、puppy（子イヌ）が1匹、puppiesが2匹。
ウシの子供はcalves、calf（子ウシ）が1頭、calves（子ウシ）が2頭、のように言う。
ウマの子供はfoalsって呼ばれる。

—*Foalsですね？*

そう、F-O-A-Lだよ。Foalが1頭、foalsが2頭。

—*ええと、ブタの子供はpigletsですか？*

Piglets、そうだよ、**ブタの子供はpiglets**だ。

ポイント

人間の子供〈動物にはふつう、使わない〉	動物の子供〈人間にも使える〉
child/children	offspring
This child is well behaved. Those children are very good（well behaved）.	These puppies are my dog's offspring.

注：Babyという英語は、人間用であり、動物には、puppyとかkittenのような固有の言葉がある。これと同様に、child/childrenも人間用である。イヌの子供をdog childrenとは言わない。

★Neonateという言い方もよくする。新生仔（newborn）のことである。

Script 24. Litter

The word, **litter**, in everyday speech, L-I-T-T-E-R, generally refers to **trash on the street** or **to throw trash in the street**. It is litter — noun and verb.

—— *Ugh. You can litter and the trash is also called litter?*

Yes, in common speech. But for a veterinarian, and not only veterinarians but for common people when dealing with animals, it has a different meaning. A litter is the number of **offspring** an animal gives birth to.
So if a cat gives birth to seven kittens, you say "The cat had a litter of seven," or "a litter of seven kittens." That is, the **offspring of an animal**.

—— *Okay, if, for example, somebody, a human lady, gets pregnant and has seven babies at the same time, do you say, "Oh, it's like a litter"?*

(Laughing) Well, we could say, "It's like a litter," but we don't use litter, the word, litter, for humans.

—— *Aha! Thank you.*

Script 24. 同腹の子

同腹：litter っていう言葉は、L-I-T-T-E-R って綴るけど、日常会話では、ふつう、**道路のごみ**とか、**道路にごみを捨てること**をいうんだ。これが litter だよ、名詞も動詞もね。

—— うへえ。「Litter する」、っていったり、ごみを「Litter」って呼んだりするんですね？

その通り、日常会話ではね。だけど獣医師にとっては、獣医師じゃなくてふつうの人にとっても、動物を扱うときには、別の意味があるんだ。
それは1匹の動物が産む**子供**の数のことだよ。
だから、もしネコが7匹の子ネコを生むと、「このネコはひと腹で7匹産んだ、litter of seven」、「7匹の子ネコを産んだ」、と言う。
つまり、**1匹の動物が1回に生む子供**のことだよ。

—— えーと、もしたとえば誰かが、人間の女性が、妊娠して一度に7人の赤ちゃんを産んだとしたら、「まるで litter みたい」って言いますか？

（笑）そう、「litter みたい」、って言うことはできるかもね、だけど、litter という言葉自体は人間に対しては使わないよ。

—— わかりました、ありがとう。

ポイント

動物の子供〈人間にも使える〉	
そのイヌは1回に4匹の子を生んだ	The dog had a litter of four puppies.

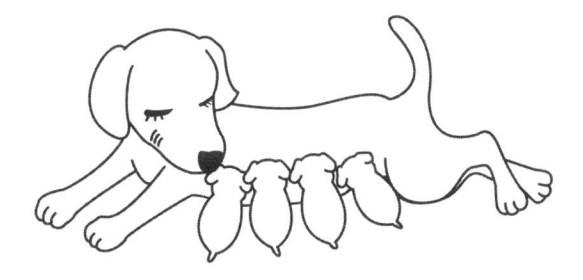

Script 25. | Gay and Lesbian

I'd like to talk about the words used when talking about sexual orientation. I'm going to talk about words like **homosexual**, **gay** and **lesbian**.
Homosexual refers to people whose sexual orientation is toward people of the same sex.

—— *Oh, yes, homosexuals — like people in same-sex relationships, right?*

You've got it.
There is a word that was used mostly for men called **homo**. For example, "he is a homo," we would say; but it sounds bad, and it's considered derogatory. The meaning has bad connotations. It is not a good word to use, homo, by itself. **Homosexual** is okay but sounds very clinical.

—— *Oh, that's interesting.*
I didn't know that there are differences in connotation between the words, homo and homosexual.

Yes, there are.
The general word for homosexual men is gay; a man who prefers men, thus is called gay. A homosexual woman is generally called a **lesbian**.

Culturally, in Japan, these things are relatively hidden; it seems to me, outside of Tokyo and Osaka; but anyway, in America, these things are becoming more out in the open — much more so in certain regions of the nation.
Many gays and lesbians are out of the closet.

—— *Out of the closet?*

Out of the closet means they openly accept their homosexuality—they don't keep their sexual orientation hidden away from society.

Script 25. | ゲイとレズビアン (獣医学と無関係)

性的な志向性について話すときに使う言葉について話そう。**ホモセクシュアル、ゲイ、レズビアン**といった言葉について話すことにしよう。ホモセクシュアルっていうのは、その人たちの性的な志向性が同性に向いている人たちのことだよ。

——ああ、そう、ホモセクシュアル ——同性の人と性的関係を築く人たち、でしょう？

そうだよ。もっぱら男性に対して使われてた言葉に、**ホモ**、っていうのがある。「彼はホモだ」、っていう風に使う。だけどこれは悪い響きがあって、侮蔑的：derogatoryと見なされるんだ。つまり悪い言外の含みがあるっていう意味だよ。だから、ホモって言う言葉を、それだけで使うのは良くない。「**ホモセクシュアル**」というのは大丈夫な言葉なんだけど、医学用語のような響きがある。

——ああ、おもしろいですね。ホモっていう言葉と、ホモセクシュアルっていう言葉に、ニュアンスの違いがあるなんて、知らなかったです。

違いはあるんだよ。
同性愛の男性ための一般的な言葉はゲイ、つまり男性を選ぶ男性は**ゲイ**と呼ばれる*。
同性愛の女性はふつう**レズビアン**と呼ばれる。

文化として、日本では、これらのことはかなり隠されている、そんなふうに僕は感じるけどね、少なくとも東京と大阪の外ではね。だけどとにかく、アメリカでは、こういうことはずっとオープンになりつつあるんだ——国の特定の地域ではとりわけね。大勢のゲイやレズビアンがそのことを（公に）out of the closet している。

——（Out of the closet）クローゼットの外？

クローゼットの外（おおっぴら）、っていうのは彼らが、自分たちの同性愛を公に受け入れること、彼らの性的志向性を社会から隠さないことだよ。

— What do you call people who are heterosexual, I mean, not homosexual, not gays or lesbians?

Oh, you can say **straight**.

—異性が好きな人たち、つまり、ゲイでもレズビアンでもない人たちのことを何て呼びますか？

ああ、**ストレート**って言うよ。

ポイント！

ホモセクシュアル	
〈言っても大丈夫な言葉、OK word〉	〈言ってはいけない言葉、Never use it!〉
homosexual	homo
She/He is homosexual.	
She/He is in a homosexual relationship.	

ポイント！

ゲイ	レズビアン
gay	lesbian
He is gay. (gayという言葉を形容詞として使用)	She is a lesbian.

注：gayという言葉は形容詞だけでなく、名詞も同形なので、この言葉を使って、He is a gay. という文も、文法的には可能なはずだが、実際には、こういう言い方はしない。

＊Gayという言葉は、主として男性に対して使われるが、女性に使わないわけではない。昔は、今よりも、女性に対しても頻繁に使われたが、最近はそうでもない。また女性に対して使うときは、より口語的表現となる。また、多くのレズビアンの女性は、自分がgayだと呼ばれるのを好まないだろう、とのこと。

最初の原稿では、out of the closetという言葉と対に、in the closetという言葉も取り上げていた。これは自分たちのhomosexualityを社会から隠すことをいう。StevenやVirginia（共に英語の先生）は、in the closetという言葉もよく使われる、と言う。しかし、録音してくださったDr. ThompsonやKrisには、"Out of the closet"はよく聞く言葉だが、"In the closet"はめったに言わないので削った方がよい、と言われて削った。アメリカとひと口に言っても広いので、地域により使われる言葉の頻度に差があるのかもしれない。なお、隠していること（性的志向性など）を公にすることをcoming-outという。

次ページの割礼と同様、獣医学からやや脱線するが、ゲイやレズビアンもとりあげた。英語社会では常識的な言葉だが、他人に尋ねるにはちょいと抵抗があるし、今回この教科書執筆のため勉強するまで、homoという言葉とhomosexualの語感が違うことを、私自身は知らなかったので、読者諸氏にも紹介したいと思ったためでもある。Homoは、homogeneous, heterogeneousのように使うときは、「同じ」というだけの意味でしかない。またhomo sapiensのhomoでもある。だから私は、これまで、homo sexualと、homoは、同義語で、そのニュアンスも同じなのかと誤解していた。こういうニュアンスはなかなか理解するのがむずかしい。

付き合う決まった相手がいるときは、その人のことを、boyfriendとかgirlfriendとか呼ぶが、gay あるいはlesbianの人たちは、相手をpartner、と呼ぶ。Partnerという言葉は、heterosexualな人も異性相手にも使える。

Gayという形容詞は、元来、陽気な、という意味もある。しかし、これは古めかしい言い方で、へたに使うと誤解される危険性がある。

★Lesbianの語源：ギリシャの島Lesbos islandに女流詩人Sapphoが生まれ、また女学校を建てた（紀元前7世紀）。Sapphoは女学生／女性に深い愛情を注いだが、彼女の女学校は同性愛サークルと誤解、揶揄された。Lesbianはレスボス島の、という意味。

Script 26. | Circumcision

Circumcision —— male circumcision —— refers to the **removal of the foreskin**. The foreskin is the skin covering the **head of the penis**.
In America, most, though not all, males are circumcised when they are born—soon after birth. But in European, African or Asian countries, male circumcision is less common than in the United States.

—— *Is it only for males?*

Female circumcision refers to something different; and that is the removal of the **clitoris** and the **labia in the vagina**, and it's much more extreme.

Now it's sometimes referred to as **female castration**, which is a very extreme procedure.

—— *That sounds vile.*

Indeed. Fortunately, relatively few cultures practice this form of circumcision, but it does exist.

—— *I see. Does the male circumcision relate to **Judaism**?*

Well, **Jews** and **Muslims**, for religious reasons, generally practice circumcision. But in the United States, most, though not all, most, about 60% of males are circumcised whether they are Jewish or not.

—— *Okay.*

Script 26. | 割礼 （獣医学と無関係）

割礼（包皮環状切除） —— 男性の割礼 —— は、**(陰茎の) 包皮：foreskinの切除**、を意味する。包皮っていうのは、**陰茎亀頭**を覆っている皮膚のことだ。
アメリカでは、大部分、全部じゃないけど、大部分の男性が、生まれたとき、——生まれてすぐに、割礼をうける。だけどヨーロッパや、アフリカやアジアでは、男性の割礼はアメリカにおけるほど一般的じゃないね。

——それは男性だけなんですか？

女性の割礼はもっと違うもののことだよ。**陰核**と**膣の陰唇**の除去のことだ。女性の割礼の方がよっぽど極端だよ。

だから、これはときどき**女性の去勢**、と呼ばれる。とても極端な術式だよね。

——むごい（唾棄すべき）ことですね。

まったくだ。幸運なことに、比較的少数の文化しかこの方式の割礼をしてないけどね、でもそれは存在するんだ。

——そうですか。男性の割礼は**ユダヤ教**と関係があるのでしょうか？

うーん、**ユダヤ人**と**イスラム教徒**は、宗教的な理由で、ふつう割礼を施すね。だけど、アメリカでは、全部じゃないけど、大部分、およそ60％の男性が割礼をうけているんだ[*]、彼らがユダヤ教徒であろうがなかろうがね。

——わかりました。

ポイント

| circumcision | 割礼（包皮環状切除） | He had a circumcision as a newborn. |

[*]　2007年6月調べ。元は70-80％だったが、最近20年間減少傾向にあり、現在はアメリカ人男性の約60％。

(Scene) —At an Animal Hospital—

🔊 29

Script 27. Too Fat…!?

Owner: Doctor, recently, my dog, Molly, has been gaining weight—she seems fat. You know she is six years old, and I'm worried about her health. Should I feed her less?

Vet: Hmm, Molly looks **lively** enough. Still, her belly does look a bit large. Has she been eating a lot lately?

Owner: Well....let me think. Yes, the amount I give her hasn't changed that much; however, I feel like, recently, she has been **gobbling up** or wolfing down her food.

Vet: I see…..well, when did you start noticing her weight gain?

Owner: Umm….let's see. I can't say exactly, but I think it started two to three weeks ago.

Vet: I see…I think it's best to begin with a radiograph or an **X-ray** to see what's happening in her belly.

(After taking the X-ray)

Vet: (to himself) I knew it!
(to the owner) Well, your dog **is going to be a mother**!

Owner: Really? She is pregnant? Come on, are you serious?

Script 27. 太りぎみ…!?

飼い主：先生、最近うちのイヌのモーリーの体重が増えてきて——ちょっと太ってきちゃったみたいなんです。この子6歳だし、健康が心配で……。ごはんの量を減らした方がいいでしょうか？

獣医師：うーん、モーリーは**元気**そうに見えますけどね。
だけどお腹はちょっと大きそうですね。最近たくさん食べていますか？

飼い主：ん〜……、そうですね、はい、ゴハンをあげてる量はあんまり変わりませんけど、なんだか、**ガツガツ食べる**ようになったような気がします。

獣医師：はは〜ん。なるほど……、いつくらいから体重が増えたのに気がつき始めましたか？

飼い主：えっと〜、……正確にはわからないけど2〜3週間くらい前からかな、と思いますが……。

獣医師：わかりました…！**レントゲン**を撮って、おなかに何が起きているか見てみることから始めるのが一番だと思いますよ。

(レントゲン撮影後……)

獣医師：(ひとりごと) やっぱり……!!
(飼い主に) この子、**妊娠していますよ**！

飼い主：え〜!! 妊娠している!?……まさか、ホントですか!?!?

Vet: Yes, Molly is going to be a mother! One, two, three—it looks like she'll have a litter of three! Congratulations! Considering that she is a bit on the old side to have birth; we're going to have to watch these babies (puppies) One of the head looks a little big on the X-ray. She may need a **C section**. Gestation is close to two month.
She is probably going to deliver in a very short period of time.

Owner: Seriously? Now I remember that she ran way the other day. It must have been **that mutt** from next-door!

獣医師：ええ、モーリーはお母さんになりますよ。1…2…3…、3匹いるようですね…。おめでとう。ちょっとこの子の年齢がいっていることを考えると、子イヌを注意して見守らなくてはいけませんね。頭部のひとつはかなり大きめに、X線では見えますね。**帝王切開**が必要かもしれませんね。妊娠期間は2ヶ月に近いですね。
もうすぐ出産しそうですね。

飼い主：本当ですか!? ……そういえばこの子、こないだ脱走したのを思いだしたわ。隣の家の**あの雑種**に違いないわ……!!

注：人間だと、妊娠の可能性が疑われるとき、レントゲン（X線）は、ふつう使わない。しかし、獣医学分野では、妊娠していても、レントゲン（X線）はふつうに使われている。また、超音波エコーも、妊娠診断によく利用される。

★一般的にはイヌの出産適齢期は4歳前後と言われている。高齢出産となれば陣痛がこないことも多く、自力で出産ができないので帝王切開されることも多い。また高齢出産では子供をとり出した後の授乳能力の低さが問題になることもある。

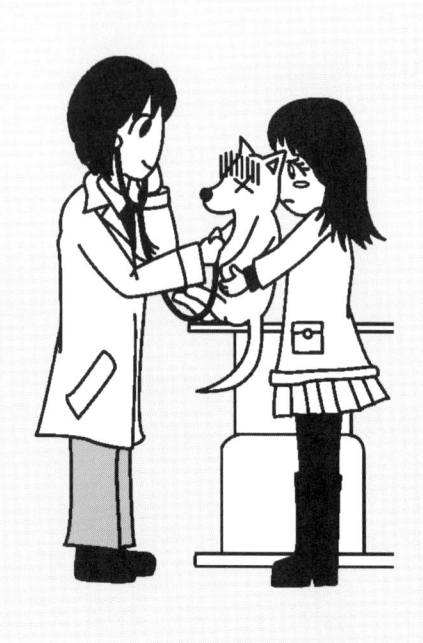

第3章 Sex and Reproduction 練習問題 Exercises 🔊30

Exercise 1
日本語の文を読んで、カッコの中に適当な語句を入れなさい。

1. わたしのネコが次に発情する前に、避妊しなくちゃ。ことし7匹の赤ちゃんを産んだの。子ネコはとっても可愛かったけれど、貰い手をさがすのがたいへんだったわ。
   I've got to get my cat (_____) before she goes into heat next time. She had a litter of seven kittens this year. They were lovely, but it took me a long time to find people to take them.

2. 僕のイヌは乳腺腫瘍を患っている。もっと若いとき、避妊するべきだったかな？
   My dog is suffering from a mammary gland tumor. Maybe I should've had her (_____) when she was younger.

Exercise 2
音声を聞いて、下に書かれた文の中から、同じ意味のものを選びなさい。

1. A. My dog was female.
   B. My dog was sick.
   C. My dog has no testes any more.

2. A. My cat will have kittens.
   B. My cat had a hysterectomy.
   C. My cat was castrated.

3. A. Today is a hot summer day.
   B. The cat is sleeping in a warm "kotatsu" heater.
   C. She is in estrus.

4. A. I have a female horse to mate.
   B. I have a chestnut horse.
   C. I have a robust male horse.

5. A. She will be having puppies in the near future.
   B. She is going to be spayed in the near future.
   C. She is sick and will be operated on in the near future.

6. A. She would have had a difficult delivery without the operation.
   B. She would have delivered babies quickly and easily.
   C. Her puppies were stillborn.

7. A. I work for Pizza Hut and my pet always comes with me when I deliver pizza.
   B. My pet became a mother of newly born kittens last night.
   C. My cat was spayed three years ago.

8. A. Many of them believe that abortion is prohibited by God.
   B. They think it's a woman's right to decide whether or not she will carry her baby to term.
   C. They think that having an abortion is good for a woman's health.

9. A. She carried a baby in her arms, but she dropped it.
   B. Her pregnancy ended spontaneously.
   C. She wanted to have an abortion, and she did.

10. A. She delivered twins last night.
    B. She secreted two liters of milk last night.
    C. She got pregnant last night.

11. A. He is only one man.
    B. He is gay.
    C. He is a lesbian.

12. A. My horse's tail was removed.
    B. My horse's genitalia were removed.
    C. My horse was fed.

第4章
からだ
The Body

本章では、からだのいろいろな部位の呼び名、表現について、学ぼう。

たとえば、日本語の「足」は、英語の"foot"ではない。
英語のfootは、足首から下だけである。

では歯は？ ヒゲは？
本章では、動物のからだの部位を表現する言葉、
とりわけ、なるべく、人間の医学用語と異なる言葉をとりあげるよう、努めた。

なお、ここに取り上げたのは、おもしろい言葉のほんの一部でしかない。
他に取り上げたかったが、今回は見送ったものにはhandとpaw、fingerとpesなどがある。
また機会があったら、これらをじっくり取り上げたい。

では、この章も楽しんでいただけることを祈りつつ、
さあ、はじめよう！

Script 28. ヒゲ1　Whiskers 1 ……………………………………… 72
Script 29. ヒゲ2　Whiskers 2 ……………………………………… 74
Script 30. 牙　Fangs ………………………………………………… 76
　ちょっとひとやすみ　象牙の話 —Tusk and Ivory— ………… 77
　ちょっとひとやすみ　胃腸 Gut の話 …………………………… 78
Script 31. 爪と鉤爪　Nails and Claws …………………………… 79
　ちょっとひとやすみ　爪の話 — Nail か Claw か？ — ……… 80
Script 32. 蹄　Hooves ……………………………………………… 81
　ちょっとひとやすみ　蹄の話 — Hoof か Claw か？ — ……… 82
Script 33. 関節　Joints ……………………………………………… 83
　ちょっとひとやすみ　Leg, Hip and Elbow の話 ……………… 85
　ちょっとひとやすみ　膣 Vagina の話 …………………………… 85
Script 34. 子宮　Uterus ……………………………………………… 86
練習問題　Exercises ………………………………………………… 87

| Script 28. | Whiskers 1 | Script 28. | ヒゲ 1 |

—— *What are whiskers, exactly?*

Well, for humans, broadly speaking, whiskers refer to facial hair. Whiskers are typically rough and coarse hair. Male facial hair has specific words to describe it.

The whiskers that are above the upper-lip, and on the side of the lip are called "**a mustache.**"

—— *Like Charlie Chaplin?*

Exactly. The hair that grows down over the cheeks and on and under the chin is "**a beard.**"

The whiskers that grow along the cheeks, near the ears, are called **sideburns**.

—— *Like Elvis Presley?*

Yeah. There are many names for the different facial hair configurations, like **goatee** —— small beard at the chin.

—— *Goatee?*

Yes, because it's similar to the beard of a goat.

—— *I see.*

Yes.

—— *Animal whiskers are different though, right?*

—— ヒゲって、厳密に言うと何なんです？

そう、人間にとっては、おおまかにいって、ヒゲは顔の毛のことだよ。ヒゲは典型的には荒くてきめの荒い毛さ。男性の顔の毛はそれを表現する特別な言葉があるんだ。

唇の上にあるヒゲや、唇の横のヒゲは「**口ヒゲ：mustache**」と呼ばれる。（注：イギリス英語ではmoustacheと綴る。）

—— チャーリー・チャップリンみたいなの？

そのとおり。ほほの上やあごの上下に下に向かってはえる毛は**あごヒゲ：beard**だ。

頬に沿って生えるヒゲで耳の近くのは**もみあげ（ほおひげ）：sideburn**と呼ぶ。

—— エルビス・プレスリーみたいなの？

そう。異なった顔面の毛の外形によって、いろいろな名称がある、たとえば**山羊ヒゲ**とか——顎の小さなあごひげだよ。

—— 山羊ヒゲ？

そう、山羊のあごひげに似ているからね。

—— なるほど。

そうだよ。

—— 動物のヒゲはでも、違うんでしょう？

Yes, indeed. The whiskers of a cat or a dog are the long hairs that grow from the sides of the end of the snout or nose, the end of the upper lip, on the eyebrow positions, and in the lower jaw.

Animals use these "whiskers" to sense movement close to their mouths.

そう、その通り。ネコやイヌのヒゲは長い毛で、吻、言い換えると鼻の終わりの部分の両脇、上唇のはじ、眉毛の位置、それに下顎に生えるよ。

動物はこれらのヒゲを使って、口の近くの動きを感知しているんだよ。

ポイント！

ヒトの ヒゲ	Whiskers, mustache, beard, sideburns, goatee などいろいろな種類あり	His mustache is neatly trimmed. Santa Claus* has a long white beard. Elvis Presley had long dark sideburns.
動物の ヒゲ	Whiskersという言葉だけですべて済む	Cats and dogs have long whiskers.

＊ サンタクロースはアメリカ英語ではSanta Claus、(あるいはSt. Nicholas)、イギリス英語ではFather Christmas。

★動物のヒゲ、whiskers は通例複数形で用いられる。まあ、1本だけ、なんてことはふつうはないですもんね。

Script 29. | Whiskers 2

Men have various types of facial hair, such as beard, sideburns, mustache, goatee and whiskers.

Do you know that animals' **whiskers*** are different from humans' whiskers?

—— *Really?*

Yes, an animal's face is covered with fur; and their whiskers are much thicker and longer than the fur. Whiskers in animals are very sensitive to touch**. They have special sensory cells associated with them.

—— *I heard that if we cut cat's whiskers, the cat can suffer and behave strangely.*

Um, that is a terrible experiment, but it's true. It is said that when a cat goes through a narrow space, it senses the width of the space by its whiskers and judges if it is possible to pass through the space.

—— *Interesting.*

Indeed.
Additionally, whiskers, in animals, have special vascular apparatuses, blood sinuses, surrounding them***.

A bend of a whisker can induce the movement of blood resulting in amplification of the sensation and letting the mechanoreceptors at the base of the whisker detect the movement.

—— *Do humans have similar apparatus in their whiskers?*

Script 29. | ヒゲ 2

ヒトはいろいろなタイプの顔面の毛をもっている、例えばあごヒゲとか、もみあげとか、口ヒゲとか、山羊ヒゲとか、ほおヒゲとかさ。

動物のヒゲ*はヒトの**ヒゲ**と違うって知ってた？

—— ホントに？

そう、動物の顔面は毛皮で覆われているだろ、そしてそのヒゲは、毛皮よりずっと太くて、長いよね。動物のヒゲは接触**にとても敏感なんだ。ヒゲのまわりに特別な知覚細胞を備えているんだよ。

—— もしネコのヒゲを切ってしまうと、ネコが困って、ヘンな風にふるまう、って聞いたことがあります。

ひどい実験だね、そりゃ。でも、それは本当だよ。ネコが狭い隙間を通り抜ける時には、ネコはその隙間の幅をヒゲでもって感知して、そのスペースを通り抜けられるかどうか判断する、って言われているよ。

—— おもしろいですね。

だよね。
加えて、動物のヒゲは、そのヒゲをとりまく、特別な血管装置、血管洞***、を備えているんだ。

ヒゲが傾くと、その傾きは（血管洞の中の）血液の動きを引き起こし、感覚を増幅させて、ヒゲの基部にある機械刺激受容器にその動きを検知させるんだ。

—— ヒトも、そのヒゲに似たような装置を備えているんですか？

No. Humans' whiskers are just common hairs.

—— *Amazing. Do animals have special whiskers on both sides of the upper lips?*

Well, some animals have whiskers on the position of **the eyebrow**, as well.

—— *Some animals?*

Yeah, such as dogs and cats. Moreover, humans have **eyelashes** on both upper and lower **eyelids**, but dogs and cats usually have clear eyelashes only on upper eyelids.

ないよ。ヒトのヒゲはふつうの髪の毛と一緒だよ。

—— 不思議ですね。
動物たちは、特別なヒゲを、上唇の両側にもっているんですね？

そうだね、**眉毛**の位置にひげがある動物もいるけどね。

—— どんな動物ですか？

うーん、イヌとか、ネコとかなんかだよ。
それに、ヒトは上**マブタ**と下マブタの両方に**まつ毛**をもっているけど、イヌやネコはふつう、明瞭なまつ毛は上マブタだけにしか持ってないんだ。

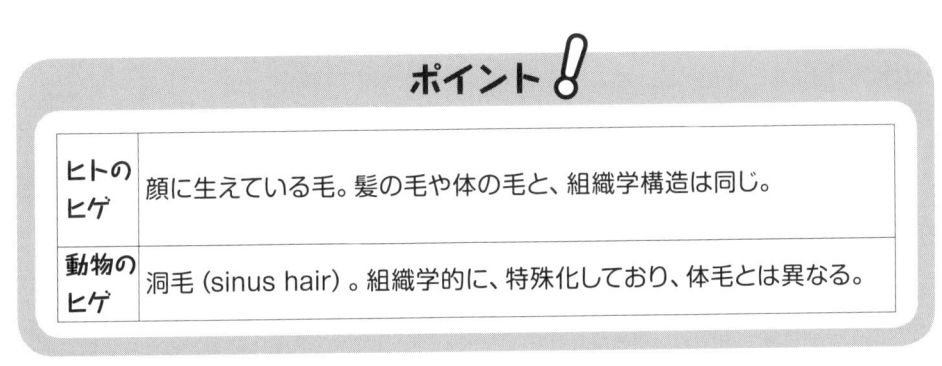

ポイント！

ヒトのヒゲ	顔に生えている毛。髪の毛や体の毛と、組織学構造は同じ。
動物のヒゲ	洞毛 (sinus hair)。組織学的に、特殊化しており、体毛とは異なる。

* 動物の Whiskers は、専門用語で vibrissae ともいう。
** 解剖学用語では触毛（tactile hair）という。
*** 毛包血洞（hemarocele of hair follicle）という。このため触毛は洞毛（sinus hair）とも呼ばれる。

Script 30.	Fangs		Script 30.	牙

Okay, let's talk about **fangs** and **teeth**.

—— *Sure.*

Fangs are simply very large teeth that come out. They're very long and sharp.

—— *Do you say that* <u>*canine teeth*</u>*?*

Yes, we do.

—— *Are there any differences among animals?*

Yeah, not all animals have fangs. We don't call human's canine teeth as "fangs".

Some animals, such as certain types of reptiles, have very specialized fangs which can inject **venom** to the victim.

—— *I see, thank you.*

よし、**牙**と**歯**について話そう。

——そうしましょう。

牙は単にとても大型の歯で、突き出ている。牙はとても長くて鋭いんだ。

——それを「**犬歯**」って言いますか？

言うよ。

——動物の間で何か差はありますか？

あるさ、すべての動物が牙をもってるわけじゃないし。人間の歯は牙とは呼ばないよ。

爬虫類の一種なんかではよく発達していて、噛み付くとき、えものに、**毒**を注入する装置を備えた牙もあるけどね。

——なるほど、ありがとう。

ポイント

	歯	牙（とがった犬歯）
Singular 単数	tooth	fang
Plural 複数	teeth	fangs
例文	His tooth broke. His tooth fell out. His teeth are bleeding.	The wolf broke his fang during a fight.

蛇足：FangといえばJack London（ジャック・ロンドン）の中編小説、"White Fang"（白い牙）である。動物文学の傑作中の傑作！

蛇足２：歯は、年齢推定にも使われる。ウマの歯も、歳と共に磨り減っていくので、年齢推定には歯をみる。そこで次のような諺ができた。Don't［Never］look a gift horse in the mouth. もらったウマの口の中（歯）を見るな（もらいものの、値段や価値を知ろうとしちゃダメよ。贈り物をもらったら、いくらかな？ なんて余計な詮索はせず、ありがたく頂戴すべし。)

象牙の話
— Tusk and Ivory —

狼の牙は、前Scriptにあるように、**fang**という。ただしこれは専門用語ではないので、アメリカの獣医大学ではcanine teeth（犬歯）という言葉を使うように教育しているそうだ。でも、日常会話では、よく使われる。

しかし、ゾウ：**elephant**の牙はfangとは言わない。ゾウの牙は、**tusk**という。ゾウだけでなく、セイウチ（walrus）（下絵）等の牙もtuskという。tuskというのは口の外まではみ出している大きな歯のことで、動物の専門家が使うにふさわしい言葉である。

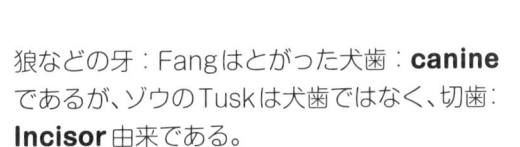

狼などの牙：Fangはとがった犬歯：**canine**であるが、ゾウのTuskは犬歯ではなく、切歯：**Incisor** 由来である。

ちなみに、Incisorというのは医学用語である。日常会話では、「前歯」（臼歯は「奥歯」）のように言うことが多い。これとそっくりの言い方が英語にもある。それぞれ、"front teeth"と"back teeth"という。

さて、ゾウではこの前歯＝切歯が巨大化してTuskとなるのだが、アフリカゾウでは、長さが3.5メートルにも達することもある。（ちなみにアフリカゾウのadultの平均体長は6～7.5メートル、体重は雄5～7トン、雌3～4トン。アジアゾウはアフリカゾウよりひとまわり小さい。）Tuskは先の方から少しずつ磨り減っていくが、一生伸び続けることができるのである！

では、イノシシの牙はどうだろうか？
これは、狼などと同様、犬歯由来である。だから、fangと呼んでもよさそうに思われる。実際、そのように呼ぶアメリカ人もいる。しかし、慣用的に、イノシシの牙はtuskと呼ばれることが多い。なぜなら、イノシシの牙も口の外にはみ出すように生えているからである。

つまりまとめると、「牙」という日本語に相当する英語は、
1. 犬歯由来のfang（狼など）
2. 犬歯由来のtusk（イノシシなど）
3. 切歯由来のtusk（ゾウなど）、
ということになる。ああ、ややこしい。

さて、ゾウに話を戻そう。Tuskは、象などの牙自身のことであり、このtuskの主成分は、象牙/象牙質：**ivory**である。

ゾウは切歯だけでなく、臼歯：**molar** も一風かわっている。上顎に、左右各1個、下顎も左右各1個の、たった、計4個しかない。

草をすりつぶして食べているうちに、この臼歯は次第に磨り減ってくる。そうすると、（Tuskと異なり）、臼歯はやがて抜け落ち、新しい歯に置き換わる。この交代のしかたも変わっている。
人間だと、新しい歯は古い歯を下から上へ押し上げて生え換わるが、ゾウの臼歯は顎骨の後方から新しい歯が前方に向かって水平移動してきて、古い歯を前方に押しやることで生え換わる。

ゾウは一生のあいだに、この臼歯は5回生え変わる。ゾウが40歳くらいになると、最後のもっとも大きな臼歯と生え換わる。この最後の臼歯は20年くらいもつ。
この最後の臼歯の尽きるとき、それが、ゾウの寿命の尽きるときである。

胃腸 Gutの話

胃腸のことをgutという。
とくに胃：stomachだけとか、腸：intestineだけとかでなく、胃腸全体をひっくるめて、はらわたを意味する言葉であり、日常会話でよく使われる。
ただし、the blind gutと特定すれば盲腸、the large gutといえば大腸になる。

以下、Gutを含むスラングを集めてみた。

gut-feeling	直感的洞察
gut reaction	直感的反応
gut fighter	根性のある闘士
gutless	臆病者
gut course	度胸と常識で単位が取れる楽なコース
gut issue	火急の問題
gut-rot	安酒、腹痛
gut job	建物のインテリア、内装の仕事

Gutというのはおもしろい言葉で、複数形のgutsは半分日本語にもなっている。あいつはガッツがある、というと**根性とか度胸**とかいう意味になる。ガッツ石松のガッツである。

これは英語の、そのままのニュアンスから来ている。gut fighterなどはそのものだろう。この反対はgutlessで、度胸がないのだから臆病者、になってしまう。

また、gut feeling, gut reactionは、頭であれこれ考えるのでなく、腹で考える、そのときの**直感**で行動する、といった意味である。

Gut courseというのは、学生さんが好きそうなコースである。緻密な予習をせずとも、度胸と直感で単位がとれてしまう、楽なコースという意味である。

Gut jobというのは、gut、胃腸が腹の「内」にあることから、**内装**という発想がでてきたのだろう。

Gastricは胃の、という意味だが、これと語源を同じくする、gastronomy は美食、美食学、という意味である。

本来の胃という意味を離れて、stomachも「腹」という意味で使われることがある。
例えば、stomach crunch は、腹筋運動である。

Script 31. | Nails and Claws

Human beings have **nails**, the nails on the ends of fingers and toes.

Some animals have nails and others have **claws**. Generally, if the nails are curved, and long and sharp, we call them claws. Cats have claws.

—— *How about dogs?*

No, dogs have nails.

—— *But I think that dogs' nails and cats' nails are similar to each other. No?*

Well, I think cats' nails are more curved, and they retract and extend.

Cats climb trees —— their claws allow them to climb.
Dogs' nails do not allow them to climb.
You don't see too many dogs climbing trees.

—— *Ah, that's for sure.*

I think we would say nail for dog and claw for cat.

—— *I see.*
So all Americans consider that dogs have nails and cats have claws?

Well, some, but not all. In the US, the term "nails" is more generically used for dogs and cats.
On the contrary, there are people who use the term claws for both dogs and cats.

So, I have to admit that there are variations for the usage of these terms, nails and claws, in the US.

Script 31. | 爪と鉤爪

人間は**爪：Nail**をもっている、指やつま先（足指）の端にね。

ある種の動物は爪をもっており、またある種の動物は**鉤爪（カギヅメ）：claw**をもっている。一般に、もし爪が曲がっていて、長くてとがっていたらそれを鉤爪と呼ぶんだ。ネコは鉤爪をもっているよ。

——イヌはどうです？

イヌにはないね、イヌのはNail（平爪）だよ。

——だけど、イヌの爪とネコの爪は、お互い、似ていませんか？違うかな？

うーん、ネコの爪の方が、もっとカーブしているし、それに引っ込んだり、伸びたりするよね。

ネコは木に登るだろ——だから、ネコの鉤爪はネコが（木に）登りやすくしてるんだ。
イヌのnailじゃ、イヌを木に登らせることはできないだろう？
木に登っているイヌ、そんなに見ないだろ？

——ああ、そりゃ確かにありませんね。

イヌにはnail、ネコにはclawっていうんじゃないかと、僕は思うよ。

——なるほど。で、すべてのアメリカ人がイヌは（平）爪を、ネコは鉤爪をもっていると見なしているんですね？

えーっと、そういう人たちもいるけど、全部じゃないよ。アメリカでは「爪：nail」っていう言葉がイヌやネコには、より広く使われているよ。反対に、イヌとネコの両方に鉤爪という言葉を使う人たちもいるよ。

だから、これらの言葉、爪と鉤爪っていう用語の使われ方には、アメリカでは多様性があることを認めなくっちゃならないだろうね。

ポイント

nail	平爪 （ヒトの爪のように、平べったいもの）	She had her nails manicured. His nail was cut too short.
claw	鉤爪 （ネコの爪のようにカーブしてとがっているもの）	A cat sharpens its claws. He dug a hole with his claws.

爪の話
― Nail か Claw か？―

獣医学は医学を基礎においているが、獣医学英語の方が、医学英語より広い。なにせ医学部では、Homo sapienceというひとつの種しか扱わなくていいのだから、英語に関しては、楽なもんである。
たとえば、爪の英単語は、nailさえ知っておれば、だいたい用は足りるだろうと思う。

動物の場合、爪、鉤爪、蹄があり、nail, claw, hoofというのだと、数年前まで思い込んでいた。
っていうか、今も、そのように獣医解剖学用語集には書いてある。

前のScriptにも、ネコ科の動物の爪は、clawである、という言葉が出てきた。

しかし、今回Steven（英語の先生）に教わるまで、ネコの爪はclawというが、イヌの爪はclawではなく、nailと呼んでいるアメリカ人もいる、ということを、私は知らなかった。
ネコとイヌでは、似ていると思うのだが。

以来、何人ものアメリカ人に、爪について意見を聞いてみた。
またInternetでも検索してみた。

結果、イヌもネコもclawだという意見と、イヌはnailで、ネコはclawだ、とするものとに意見が分かれた。

将来アメリカに行くことあったら、その地方ではどちらで呼んでいるか、確かめてから、この言葉を使うようにして欲しい。

Script 32.	Hooves

There're also **hooves**, which is the plural, H-O-O-V-E-S; <u>the singular is hoof</u>. And those are the "nails" of **ungulates**, animals like cows or horses.

── *Okay, I get it. Thank you.*
Do you have any special expressions for something like crabs, for example?

Crabs, yes.

Crabs, or scorpions as well, they have **pincers**, because they pinch; or claws, we also call those claws.
"Claws" is perhaps more common, especially in **lobsters**.

── *Claws and or pin…?*

Pincers.

── *Pincers.*

Pincers are things that close and pinch.

── *Okay, thank you very much.*

Script 32.	蹄

他に**蹄：hooves**がある。これは複数形でH-O-O-V-E-Sって綴る、**単数形はhoof**だ。これは**有蹄類**、つまりウシやウマのような動物の「爪」だよ。

── わかりました、ありがとう。
カニとかなんかについては、何か特別な表現がありますか？

カニ、ああ、あるよ。

カニは、サソリもそうだけど、**はさみ**をもっている、それで挟むからね。あるいは鉤爪、私たちはハサミのことを鉤爪とも呼ぶね。Clawsのほうが、多分、もっとよく使われるかもしれないね、特に**ロブスター**にはね。

── 鉤爪とはさ……

はさみ。

── はさみ。

はさみっていうのは、閉じて挟むものだよ。

── わかりました。どうもありがとう。

ポイント

蹄	hoof ⟨singular, 単数⟩	The cow was limping because one of his hooves injured/ swollen/ bleeding.
	hooves ⟨plural, 複数⟩	

蹄の話
― Hoof か Claw か？ ―

Hoof か Claw か？

有蹄類のヒヅメは、hoof（単数）／hooves（複数）という、と獣医解剖学用語集に書いてある。有蹄類にはhoofだけが正しいのだ、と私は長らく思い込んでいた。

しかし、英語圏にもいろいろな人がいる。テネシー大学獣医学部のS. R. van Amstel博士（蹄の疾患の研究者）によれば、ウシなどの蹄も、hoofではなく、clawを使うのが正しいそうだ。

2005年秋、Dr. Amstelは十和田の北里大学にいらして、学生に講義をされた。以下はそのときDr. Amstelが配布された資料である。

"The foot is composed of two weight bearing digits (medial to lateral third and fourth) each of which has a horn-covered claw. It should be noted that in cattle the term "claw" is preferable to hoof."
（足〈足首より下の脚部のこと〉は体重をささえる2本の指〈趾〉〈内側方より外側方へ、第3指と第4指〉より成り、そのそれぞれが角質で覆われた蹄をもつ。ウシではclawという用語のほうが、hoofより望ましいことに注意されたい。）

とても不思議に思ったので、Dr. Amstelご自身に直接、「本当なんでしょうか」、と確かめてみた。
そしたら、「hoofではなく、clawを使うのがふつうだよ」、と逆にけげんな顔をされてしまった。

その後、多くのアメリカ人にDr. Amstelの見解をどう思うか尋ねてみたのだが、私が個人的に尋ねた範囲では、Dr. Amstelの見解を支持するアメリカ人はひとりもいなかった。

Dr. Amstelは現在米国テネシー大学の教授だが、もともとは南アフリカのご出身である。もしかしたら、アメリカ英語と南アフリカ英語は、こんなところも異なるのかもしれない。

裂けた蹄（鉤蹄）：cloven hoof

偶蹄のことは、cloven hoofといい、(clovenはcleave裂ける、の過去分詞形)、to show the cloven hoofというと、正体を隠していた悪魔が正体をあらわにすること、という意味である。
悪魔はヤギに象徴される、とされていたらしい。

とにかく悪魔は人間のような指をもっておらず、山羊のようなhoofをもっている、ということから、このshow the cloven hoofという言い方ができたそうだ。

もしDr. Amstelのおっしゃるように、有蹄類の蹄はhoofではなく、clawなら、悪魔が正体を表すときの方もshow the cloven clawという言い方に変えて欲しいもんである。

Script 33. | Joints

Humans have **arms** and **legs**.
Animals don't have arms; they just have legs.
The legs in the front are called **the front legs or the forelegs**.
The legs in the back are called **the back legs or the hind legs**.

—— *What connects the legs to the body or torso?*

The **joints** and **muscles**.
For example, **the hip joint** connects the legs to the body. There are a number of different joints.

—— *Such as?*

Like **shoulder joints**, **wrist joints**, and **elbow joints**.

—— *I see.*

They connect bones to bones.

—— *Do you say articulation for joints?*

Yes, we could say **articulation**, joint articulation; but that word is kind of a technical term; and it's unusual that a patient would use it, though veterinarians would use that word when speaking about **anatomy**.

—— *Anatomy!*
I heard that it is the most exciting field in veterinary medicine.

It is!
Anyway, some people use it. Interestingly enough, articulate also means to explain something in detail —— especially when relating two different things, specifically.

—— *It's so amazing.*

Moreover, guess what? A joint can be another name for pot.

Script 33. | 関節

人間は **腕：arms** と足（脚）：**legs** を備えている。
動物は腕：armsはなくて、脚：legsがあるだけだ。
前足は、**前肢：the front legs** または **the forelegs** と呼ばれる。後足は、**後肢：the back legs** あるいは **the hind legs** と呼ばれる。

——なにが四肢を体幹、つまり**胴体**に結合させているんですか？

関節と**筋肉**だね。
たとえば、**股関節**は肢をからだに結合させる。さまざまな関節があるよ。

——たとえば？

肩関節とか、**手根関節**とか、**肘関節**なんかね。

——なるほど。

これらの関節は骨と骨を結合させるのよ。

——関節のことをarticulationって言いますか？

言うよ。**関節：articulation**、joints articulationね。だけど、その言葉はちょっと専門用語だね。患者がその言葉を使うのはあんまりふつうじゃない。だけど、獣医師は**解剖学**について話しているとき、その言葉を使うでしょうね。

——解剖学だって！ 解剖学って、獣医学の中で、最もエキサイティングな分野だって聞きました！

そうよ！
とにかく、それ（articulation）を使う人たちもいる。面白いことに、articulateっていう言葉は「何かを詳しく説明する」、っていう意味もあるの。とりわけ2つの異なった事柄を、詳細に関連づけるときにね。

——すごくおもしろいですね。

それに、知ってる？ ジョイントっていうのは、ポットの別名なのよ。

—— *Pot?*

Yes, marijuana, I mean.

—— *Marijuana?*
Isn't that illegal? Have you ever smoked it?

Never.
I heard that it smells like a skunk.

But you know what? When you take marijuana, your appetite may be stimulated a great deal. So, if a patient is suffering from some severe disease, such as cancer, and loses his / her appetite, a doctor might prescribe it to the patient in some countries.

—— *In some countries? Including Japan?*

No. But researchers have reported that if the receptor for marijuana, CB1, is blocked, the appetite reduces.

—— *That is amazing!*

——ポット？

そう、つまり、マリワナのことね。

——マリワナだって？ それって、違法なんじゃないんですか？ 吸ったことあるんですか？

ないよ！ それって、スカンクみたい臭いがするって聞いたよ。

だけど、知ってる？ もしマリワナを吸うと、食欲がすごく刺激されるの。だから、患者がなにか重篤な病気、たとえば癌とか、をわずらっていて、食欲を失ってしまったら、医者はその患者にマリワナを処方することがあるのよ、いくつかの国ではね。

——いくつかの国？ 日本も入ってるんですか？

いいえ。でも研究者たちは、もしマリワナの受容体、つまりCB1が阻害されると、食欲が減退する、と報告している。

——それって、おもしろいですね！

ポイント

	一般用語	解剖学用語	例文
関節	joint	articulation	The dog had a swollen hip joint.

ポイント

前肢	the front legs	= the forelegs	= the forelimbs
後肢	the back legs	= the hind legs	= the hindlimbs

ポイント

関節 Joint	shoulder joint	肩関節
	elbow joint	肘関節
	wrist joint	手根関節（手首）
	hip joint	股関節
	knee joint/stifle joint	膝関節

Leg, Hip and Elbow の話

Leg（脚）
Legを含むidiomatic expressions（慣用表現）はいろいろある。

たとえば、**shake a leg**は「急げ！」と相手をせかすときに使う。

Break a legというのは健闘を祈る、という意味で、芝居などを公演するとき、役者に、がんばってね、というときは、これを使う。

まちがいやすそうなのが、**pull one's leg**。これはからかう、という意味。
直訳すると足をひっぱる（他人の成功などのじゃまをする）となり、まったくの誤訳となってしまう。

Hip（腰）
形容詞でHipというスラングは、ｃｏｏｌ（カッコいい、イカしてる）という意味。

Elbow（肘）
動詞のelbowは他人を肘でおしのけ、自分の意志を無理やり通そうとすること。
なんとなく、イメージがわきますよね？

Hand（手）
Handを含むidiomatic expressionsは多い。たとえば、手伝って、というときは**give me a hand**.「手を貸して」というときの日本語とそっくり。

膣 Vagina の話

次のScriptで子宮がでてくるので、女性生殖器についての寄り道。

Vaginaとは、解剖学用語で「膣」のこと。医学関係者でなくても、一般の人も知っている言葉である。

日本語でカタカナ表記するとき、ヴァギナ、と書いてあるのを見ることがあるが、英語の発音はヴァジャイナである。ジャにアクセントがある。

さて話は変わってRの発音の話。日本人の多くが（私自身も含めて）、RとLの発音が苦手である。RとLをごっちゃにするだけではなく、時にはRの発音を弱くしすぎることがある。

さて、本書を執筆するにあたり、何人ものnative speakerに助けてもらったのだが、それらの英語の先生の一人がVirginia（ヴァージニア）だった。

それで、彼女から日本人英語学習者へのお願い。「どうぞ私の名前を発音するときRをちゃんと発音してね。そうじゃないと、VirginiaがVaginaに聞こえちゃうのよ！」

Script 34.	Uterus

—— *Do you use the word, **uterus**? Do you say uterus in everyday conversation?*

Yes, uterus can be used.

—— *Don't you say **womb**?*

Womb is okay. You can use either one.

—— *Either one? Is womb more of a common people's word or a medical term?*

Uterus is a little more medical.

—— *Uh huh.*

Womb is a little more common language, but we can use either one in everyday speech.

—— *Oh, wonderful.*

Actually, when a baby is still in the womb, there is a word, "**in utero**." Utero. In utero, U-T-E-R-O.

—— *Uh huh, I see.*

Script 34.	子宮

——先生は「**uterus（子宮）**」という言葉を使いますか？
日常会話でuterusって言いますか？

うん、uterus って言うよ。

——**Womb（子宮）**って言いませんか？

Wombでもいい。両方使える。

——どっちでもいいんですか？ wombはもっとふつうの人たち（医者や獣医師でなく）の言葉ですか、それとも医学用語ですか？

Uterusの方がちょっと医学的かな。

——なるほど。

Wombの方が、もうちょっと日常用語かな、でも日常会話で両方使うよ。

——なるほど、そうなんですね。

実のところ、赤ちゃんが子宮にまだいるときは、**in utero（子宮内）**っていう言葉があるんだ、子宮内 in utero、U-T-E-R-Oだよ。

——そうですか、わかりました。

ポイント

子宮		
uterus	medical term	〈医学用語だが日常会話でも使う〉
womb	common word	〈日常会話のみ〉

補足：wombは通常妊娠子宮（妊娠中の女性、メスの子宮）に使われる。
　　　uterusは妊娠していてもいなくても使われる。

蛇足：男性生殖器の精巣の解剖学用語はtestisである。日常用語ではtesticleと言う。これにはスラングがたくさんあるが、そのうちひとつだけ、nutsというのを紹介しておこう。木の実のナッツと同じ。でもHe is nuts.というと、彼はちょっとヘンなんじゃない？（変わり者、ちょっとオカシイ。）という意味になる。

第4章 The Body　練習問題 Exercises

🔊38

Exercise 1

音声を聞いて、下の文の中から、同じ意味のものを選びなさい。

1. A. Lions have sharp canine teeth.
   B. Lions have tusks.
   C. Lions have long claws.

2. A. Lions have long, sharp nails.
   B. Lions have hooves.
   C. Lions have dull, flat nails.

3. A. I have a problem with my ovary.
   B. I have a problem with my vagina.
   C. I have a problem with my womb.

4. A. My head hurts.
   B. This restaurant is too small.
   C. I have a pain in my arms and legs.

Exercise 2

カッコの中に、nails, hooves, claws, cloven hoovesのうちのどれかを入れて、文を完成させなさい。

1. People have （＿＿＿＿＿）.

2. Horses have （＿＿＿＿＿）, cows have （＿＿＿＿＿）, and cats have （＿＿＿＿＿）.

答えは88ページ

練習問題解答

第1章 General Conditions
Exercise 1
吐き気がする ………………………… C
嘔吐する〈丁寧、獣医師的表現〉 …………… B
吐く（もどす）〈OK．ふつうの表現〉……… D
ゲロする〈口語的表現〉 ………………… A

Exercise 2
1. getting up / I get up
   urinates
2. appetite
3. sniffs
   urinates
4. catch his breath
   panted
   feces
5. coat
   sheen

Exercise 3
1. A　2. B　3. C　4. A　5. C
6. A　7. B　8. A

第2章 Excretion
Exercise 1
尿 ……………………………………… C
フン …………………………………… B
尿検査 ………………………………… E
糞便検査 ……………………………… D
ウンチする …………………………… F
排尿する ……………………………… A

Exercise 2
Urinate
Pee
Piss

Exercise 3
Feces / Stool
Crap
Shit

Exercise 4
1. diarrhea
2. a stool examination

Exercise 5
Her stool was watery. ………………… 3
Her urine was cloudy. ………………… 4
I can't defecate. ……………………… 1
The dog took a leak. ………………… 2

Exercise 6
1. A　2. C　3. C　4. A　5. B
6. A

第3章 Sex and Reproduction
Exercise 1
1. spayed
2. spayed

Exercise 2
1. C　2. B　3. C　4. C　5. A
6. A　7. B　8. A　9. B　10. A
11. B　12. B

第4章 The Body
Exercise 1
1. A　2. A　3. C　4. C

Exercise 2
1. nails
2. hooves
   cloven hooves
   claws

索引 Index

A
abortion, 57
active, 10
appetite, 12
arm, 83
asleep, 24
awake, 24

B
back leg, 83
back teet, 77
bad breath, 23
be going to have a baby, 51
be pissed off, 37
be pregnant, 51
beard, 72
become pregnant, 51
belch, 23
birth, 55
bowel, 28
bowel movement, 28, 32
boyfriend, 48
break a leg, 85
breech delivery, 54

C
C section, 54, 56
Caesarean section, 54, 55, 68
Caesarian section, 56
calf, 60, 61
calves, 60, 61
Can I use your bathroom?, 39
can't catch one's breath, 11
canine, 77
canine teeth, 76
carnivore, 23
castrate, 45
castrated, 42
castration, 42, 45
cesarean section, 54
chubby, 14
chubs, 14
circumcision, 66
claw, 79
clitoris, 66
cloven hoof, 82
coat, 15
conceive, 51
conception, 51
condom, 45

constipated, 29
contraception, 46
contraction, 54
cow, 60
cow pie, 33
crap, 31, 33
curse word, 31

D
defecate, 28
delivery, 54, 55, 56
diagnosis, 29
diarrhea, 29
difficult delivery, 54, 56
doggie bag, 20
doggy doo-doo, 33
doggy-doo, 33
domestic partners, 48
duration of pregnancy, 51

E
easy delivery, 54
eat, 22
elbow joint, 83
election, 34
embryo, 51
energetic, 10
erection, 34
estrus, 47
excrement, 32
expectant, 52
expectant mother, 52
eyebrow, 75
eyelash, 75
eyelid, 75

F
falls out, 16
famished, 23
fang, 76
farm animals, 42
fart, 23
fast asleep, 24
fecal matter, 28, 29
feces, 29, 32
feed, 22
female castration, 66
female circumcision, 66
fetus, 51
foetus, 51

foreleg, 83
foreskin, 66
fraternal, 54
fraternal twins, 54
front leg, 83
front teeth, 77
fur, 16

G
gay, 64
genitalia, 42
gestation, 51
get pregnant, 51
girlfriend, 48
give birth, 53
giving birth, 54, 55
goatee, 72
gobble down, 22
gobble up, 22
gobbling up, 67
gorge oneself on (with), 22
graze, 22
guzzle, 22
guzzle down, 22

H
hangover, 17, 20
hard labor, 54
have constipation, 29
having a baby, 54, 55
hay, 22
hay fever, 22
He got a vasectomy., 46
healthy sheen, 15
heavy labor, 54
herbivore, 23
hind leg, 83
hip joint, 83
homosexual, 64
hoof, 81
hooves, 81
horn, 48

I
I could eat a horse, 21
I got my tubes tied., 46
I'm pooped, 32
identical twins, 54
impregnate, 49
in estrus, 47

in heat, 47, 53
in utero, 86
incisor, 77
infertility, 51
insectivore, 23
intense labor, 54
intimate, 48
ivory, 77

J
Jew, 66
joint, 83
Judaism, 66

K
kitten, 61

L
labia, 66
labor, 54, 55
labor pains, 54
Lamaze technique, 54, 55
large intestine, 28
lay person, 50
leash, 24
leftover, 20
leg, 83
lesbian, 64
lice, 34
lick, 22
ligation, 46
light labor, 54
litter, 63
lively, 10, 67
lobster, 81
lost one's lunch, 19

M
make her pregnant, 51
make nauseated, 17
mangy, 15
May I use your bathroom?, 39
menstruation, 52
miscarriage, 57
molar, 77
morning sickness, 52
multiple pregnancy, 54
muscle, 83
Muslim, 66
mustache, 72

N
nail, 79

nap, 24
nauseated, 17
nauseating, 17
nauseous, 17
neuter, 42

O
obese, 12, 13
obesity, 12, 13
offspring, 61, 63
omnivore, 23
on the old side to be
   giving birth, 68
on the rag, 52
out of breath, 11
out of the closet, 65
overweight, 12
ovulating, 47

P
pad, 11
painless childbirth, 54
panting, 11
parasites, 30
pasture, 22
pee, 35, 37
peepee, 37
penis, 66
period, 51, 52
pet animal, 42
pig out, 22
pigout, 22
pill, 45
pincer, 81
piss, 36, 37
Piss off, will you?, 37
poop, 32
poo-poo, 32
pop out, 55
porky, 14
pregnancy, 51, 53
pregnant, 53
prenatal visit, 52
preposterous, 52
prowl, 24
puke, 18
pull one's leg, 85
puppy, 61

Q
quadruplet, 54
quintuplet, 54

R
ralph, 19
ramble, 24
reek, 23
rice, 34
roam, 24
rundown, 10

S
salt lick, 22
sanitary napkin, 52
sextuplet, 54
shake a leg, 85
She is expecting., 52
She is on the pill., 45
shed, 16
sheen, 15
shine, 15
shit, 31, 33
shoulder joint, 83
sideburns, 72
skinny, 12, 14
sleep, 24
smart, 12
smell, 23
sniff, 23
snooze, 24
solid, 29
sound asleep, 24
spay, 45
spontaneous abortion, 57
stallion, 50
starving, 23
sterilization, 51
stillbirth, 54
stink, 23
stool, 30, 32
stool examination, 30
straight, 65
stud, 49
stud horse, 49
stuff, 22
sweat gland, 11

T
take a dump, 33
take a leak, 36
take a piss, 36
take a stool sample, 30
teeth, 76
The animal has a lot of energy, 10
The animal is shedding., 16
throw trash in the street, 63

throw up, 18
tired, 10
torso, 83
tossed one's cookies, 19
touch, 74
toxemia of pregnancy, 51
trash on the street, 63
triplet, 54
tubaligation, 46
turd, 32
tusk, 77
twin, 54

U
underweight, 12
ungulate, 81
urethra, 35
urinate, 35, 37
urine, 35, 37
uterus, 86

V
vagina, 56, 66, 85
vasectomy, 46
venom, 76
vibrissae, 75
vomit, 18
vomiting, 18

W
wake, 24
walk, 24
walrus, 77
wander, 24
watery, 29
wee wee, 38
whale, 60
whiskers, 72, 74
womb, 86
worm, 30
wrist joint, 83

X
X-ray, 67

Y
yawn, 23

あ
悪態, 31
あくび, 23
あごひげ, 72
安産, 54

い
生き生きしている, 10
息を切らしている, 11
息をつけない, 11
イスラム教徒, 66
一卵性双生児, 54
五つ子, 54
陰核, 66
陰茎, 66
陰茎亀頭, 66
陰唇, 66

う
うたた寝, 24
腕, 83

え
えさをやる, 22
エネルギーいっぱいだ, 10
エネルギッシュだ, 10

お
嘔吐, 18
嘔吐する, 18
おおっぴらに, 65
奥歯, 77
おしっこする, 35
おなら, 23

か
懐胎, 51
輝き, 15
鉤爪（カギヅメ）, 79
硬かった, 29
ガツガツ, 22, 67
活発だ, 10
割礼, 66
花粉症, 22
関節, 83
汗腺, 11

き
寄生虫, 30
牙, 76
臼歯, 77
兄弟の, 54
去勢, 42, 45

去勢した, 42
去勢する, 45
筋肉, 83

く
空腹, 23
草を食む, 22
鯨, 60
クソ, 31
口ヒゲ, 72
クッキーをトスした, 19
ぐっすり寝ている, 24

け
ゲイ, 64
毛皮, 16
月経, 51, 52
結紮, 46
げっぷ, 23
毛の抜けた, 15
下痢, 29
ゲロする, 18
肩関節, 83
元気, 67
健康的なつやがある, 15
健康的なつやがない, 15
犬歯, 76, 77

こ
子イヌ, 61
後肢, 83
交配, 53
鉤蹄, 82
股関節, 83
ごくごく飲む, 22
子供, 61, 63
子ネコ, 61
子を宿す, 51
昆虫食, 23

さ
逆子, 54
さかりがついている, 47
殺菌, 51
雑食, 23
産業動物, 42
散歩, 24
散歩させる, 24

し
子宮, 86
子宮内, 86
子宮の収縮, 54

死産，54
手根関節，83
受胎，51
出産，53, 54, 55, 56
出産予定，51
消毒，51
小便，36
小便する，36
触毛，75
女性の割礼，66
女性の去勢，66
素人，50
診断，29
陣痛，54

す
ストレート，65
スマート，12
擦り切れた，15

せ
セイウチ，77
精管切断術，46
生殖器，42
生理，51, 52
切歯，77
喘（あえ）いでいる，11
前肢，83

そ
象牙，77
草食，23
足，83

た
胎仔，51
体重過剰，12
体重不足，12
大腸，28
堕胎，57
種ウマ，50
種馬，49
種オス，49
食べ残し，20
食べる，22
断種，51
誕生，55

ち
小さな建物，16
膣，56, 66, 85
肘関節，83
腸の動き，28

つ
疲れている，10
月のもの，52
角，48
つや，15
つわり，52

て
帝王切開，54, 55, 56, 68

と
胴体，83
同腹，63
洞毛，75
道路にごみを捨てること，63
道路のごみ，63
毒，76
吐物，18
途方も無い，52

な
ナプキン，52
舐める，22
難産，54, 56

に
肉球，11
肉食，23
尿，35
尿道，35
二卵性双生児，54
妊娠，51, 52, 53
妊娠期間，51
妊娠させる，49, 51
妊娠している，51
妊娠する，51
妊娠中，52
妊娠中絶，57
妊娠中毒，51
妊婦，52

ぬ
抜け落ちる，16
抜け毛が起こっている，16

ね
寝る，24

は
歯，76
徘徊する，24
胚子，51
排尿する，35

排便する，28
排卵中，47
馬鹿げた，52
吐き気を感じる状態にする，17
吐き気を催させる，17
吐き気を催している，17
吐く，18
はさみ，81
発情，53
発情している，47
発情中，47
腹いっぱい詰め込む，22

ひ
ヒゲ，74
蹄，81
避妊，45, 46
肥満，12
ヒモ，24
昼ごはんを失った，19

ふ
不合理な，52
双子，54
ブタみたいに大喰らいする，22
二日酔い，17, 20
太る，12
不妊，51
不妊にすること，51
フン，29, 30
分娩，54
糞便検査，30
糞便のサンプル，30

へ
ペット，42
便秘，29

ほ
包皮，66
包皮環状切除，66
干し草，22
ホモセクシュアル，64

ま
前歯，77
まつ毛，75
マブタ，75
眉毛，75
満腹，23

み
水っぽかった，29

み
みすぼらしい，15
三つ子，54

む
むかついている，17
虫，30
無痛分娩，54
六つ子，54

め
目が覚める，24
滅菌，51
メンス，52

も
戻す，18

もみあげ，72
漏らす，36

や
山羊ヒゲ，72
やせる，12
やつれている，108

ゆ
有蹄類，81
ユダヤ教，66
ユダヤ人，66

よ
四つ子，54

ら
ラマーズ法，54, 55
ラルフ，19
卵管結紮，46

り
流産，57

れ
レズビアン，64
レントゲン，67

ろ
ロブスター，81

執筆者紹介

谷口 和美 (Kazumi Taniguchi, DVM, PhD.)

東京生まれ。東京大学農学部畜産獣医学科卒業、東京大学大学院博士課程修了。獣医師、農学博士。
日本Roche研究所勤務、岩手医科大学医学部解剖学講座勤務を経て、現在北里大学獣医学部解剖学研究室勤務。専攻は脊椎動物の化学感覚受容器。
2001-2002年、米国Pennsylvania州、Philadelphia市、Monell Chemical Senses Centerに留学。
著書に『パーフェクト獣医学英語』(チクサン出版社, 2009)がある。

執筆協力者紹介

原稿および音声

Mr. Steven DeBonis

New York州、Brooklyn出身。
現在は青森県三沢市に在住し、高校で英語を教えている。
昔はPeace campなどで働いており、ベトナム戦争時の米兵とベトナム女性の間に生まれた子供の悲劇を書いた本、『Children of the Enemy: Oral Histories of Vietnamese Americans and Their Mothers, McFarland & Company (December, 1994) ISBN-10: 0899509754』の著者でもある。

Mr. William Dantona, MAT.

Pennsylvania州、Scranton出身。
California州、Chico市在住。
California State University、American Language & Culture InstituteのDirector。College of Businessでも教鞭をとっている。
付録CDの音声をお願いした。大変きれいな発音で、思わず聞き惚れてしまう。写真は音声吹き込み中のスナップ。

Dr. Steven Thompson (写真左)
Ms. Kris Kazmierczak (写真右)
Purdue大学、獣医学部。
Department of veterinary Clinical Sciences。
原稿をチェックしてくださり、CDの音声の吹き込みにご協力くださいました、おふたりに心から感謝いたします。

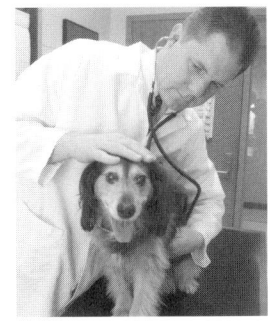

Mr. Joshua Brooks
Haverford University, Philadelphia, Pennsylvania, USA.
数々のアドバイスをいただきました。ここに記して感謝いたします。

イラスト

鳥居　千恵さん (Miss. Chie Torii)
愛知県出身。北里大学獣医学部獣医学科4年生（2009年度）。動物への愛情あふれる素敵なイラストの大部分は鳥居さんによる。（P9, 62, 73, 森田さん担当分を除く）

森田　知佳さん (Miss. Tomoka Morita)
兵庫県出身。表紙および「ちょっとひとやすみ」の寝そべったワンちゃんのイラストは北里大学獣医学部獣医学科5年生（2009年度）の森田さんのご協力による。

付録CDについて

本書には付録としてリスニング用CDを添付しています。タイトル上または横に🔊マークがあるものはCDに音声が収録されています。マークNo.がトラックNo.に対応しています。

このCDを、権利者の許諾なく賃貸業に使用すること、個人的な範囲を超える使用目的で複製すること、また、ネットワーク等を通じてCDに収録された音を送信できる状態にすることは著作権法で禁じられています。

【CD取扱上のご注意】
●ディスクは両面共、指紋、汚れ、キズ等をつけないように取り扱って下さい。●ディスクが汚れた時は、メガネふきのような柔らかい布で内周から外周に向かって放射状に軽くふきとって下さい。●レコード用クリーナーや洗剤等は使用しないで下さい。●ディスクは両面共、鉛筆、ボールペン、油性ペン等で文字や絵を書いたり、シール等を貼付しないで下さい。●ひび割れや変形、または接着剤等で補修したディスクは危険ですから絶対に使用しないで下さい。

【保管上のご注意】
直射日光のあたる場所や高温、多湿の場所には保管しないで下さい。

動物のお医者さんのための英会話
English for Veterinarians and Veterinary Technicians

2009年 5 月30日　初版発行
2019年11月20日　第四刷発行

著　者…谷口　和美

カバーデザイン／本文レイアウト…スバルプロ

発　行…株式会社アドスリー
　　　　〒164-0003　東京都中野区東中野4-27-37
　　　　TEL：03-5925-2840
　　　　FAX：03-5925-2913
　　　　E-mail：reception@adthree.com
　　　　URL：https://www.adthree.com

発　売…丸善出版株式会社
　　　　〒101-0051　東京都千代田区神田神保町2-17
　　　　　　　　　　神田神保町ビル 6F
　　　　TEL：03-3512-3256
　　　　FAX：03-3512-3270
　　　　URL：https://www.maruzen-publishing.co.jp/

印刷製本……日経印刷株式会社

ⒸKazumi Taniguchi
2014, Printed in Japan
ISBN978-4-904419-00-7　C3047

定価はカバーに表示してあります。
乱丁、落丁は送料当社負担にてお取り替えいたします。
お手数ですが、株式会社アドスリーまで現物をお送り下さい。